[美] 威廉·西尔斯
[美] 玛莎·西尔斯 著
唐婧 杨梅 译

西尔斯养育百科

DR.Sears
The Attachment Parenting Book

国文出版社
·北京·

图书在版编目（CIP）数据

西尔斯养育百科 /（美）威廉·西尔斯,（美）玛莎·西尔斯著；唐婧,杨梅译. -- 北京：国文出版社，2024. -- ISBN 978-7-5125-1639-7

Ⅰ．TS976.31

中国国家版本馆CIP数据核字第20244N2N24号

北京市版权局著作权合同登记 图字01-2024-5705号

THE ATTACHMENT PARENTING BOOK: A Commonsense Guide to Understanding and Nurturing Your Baby
by William Sears, M.D., and Martha Sears, R.N.
Copyright © 2001
Published by arrangement with Denise Marcil Literary Agency LLC
through Bardon-Chinese Media Agency
Simplified Chinese translation copyright © 2024
by Beijing Xiron Culture Group Co., Ltd.
All rights reserved.

西尔斯养育百科

作　　者	〔美〕威廉·西尔斯　〔美〕玛莎·西尔斯
译　　者	唐　婧　杨　梅
责任编辑	张　茜
责任校对	钱　钱
出版发行	国文出版社
经　　销	全国新华书店
印　　刷	嘉业印刷（天津）有限公司
开　　本	700毫米×980毫米　　16开 21.5印张　　267千字
版　　次	2024年12月第1版 2024年12月第1次印刷
书　　号	ISBN 978-7-5125-1639-7
定　　价	59.80元

国文出版社
北京市朝阳区东土城路乙9号　　邮编：100013
总编室：（010）64270995　　传真：（010）64270995
销售热线：（010）64271187
传真：（010）64271187-800
E-mail：icpc@95777.sina.net

献给我们亲密无间的孩子们 ——

詹姆斯

罗伯特

彼得

海登

艾琳

马修

史蒂芬

萝伦

目 录

序　　言　威廉医生和玛莎护士给父母的话　　1

第 一 章　如何让宝宝跟我更亲密　　001

什么是亲密养育法 / 005

亲密帮手：亲密养育七要素 / 007

亲密是怎样的体验 / 013

第 二 章　亲密养育法的百般好　　019

宝宝更聪明 / 021

宝宝更健康 / 026

宝宝发育更好 / 030

宝宝表现更好 / 032

增加亲密感 / 041

亲子合作更默契 / 043

促进同理心 / 045

现代育儿法 / 047

父母的收益 / 048

第 三 章　亲密养育法误区　　051

澄清误解 / 054
亲密养育迷思 / 063

第 四 章　从分娩开始的亲密纽带　　071

分娩时的纽带 / 073
亲密纽带的八个小贴士 / 076
同室育婴：分娩后继续亲密 / 080
同室育婴如何帮助建立亲密感 / 085
亲密担忧症 / 088
出院回家：十个小贴士让第一个月持续亲密 / 092

第 五 章　母乳喂养　　103

母乳喂养让亲密养育更加容易 / 105
成功哺乳的亲密小贴士 / 112
长期母乳喂养的好处 / 121
不要机械地按照时间表哺乳 / 123

第 六 章　"戴"着宝宝　　125

背景介绍 / 128

"戴"着宝宝，好处多多 / 132

"戴"着宝宝照顾哥哥姐姐 / 149

"戴"着宝宝让他睡觉 / 150

"戴"着宝宝工作 / 151

由替代看护人"戴"着宝宝 / 152

第 七 章　信任宝宝通过哭声传递的信号　　155

哭声是亲密关系小帮手 / 157

该让宝宝一直哭下去吗 / 163

宝宝经常哭，父母怎么办 / 166

第 八 章　亲子同睡　　171

夜间继续亲密 / 173

我们与宝宝同睡的经历 / 175

为什么睡在宝宝身边好 / 177

亲子同睡：如何让它发挥作用 / 183

宝宝自己睡：脱离夜间亲密关系 / 186

断夜间奶：夜间奶的十一种替代方法 / 189

当代关于同睡及婴儿猝死综合征的研究 / 194

第九章　平衡与界限　　203

你的育儿方式失衡了吗 —— 何以得知 / 206

避免妈妈精疲力竭 / 216

重新点燃激情 / 222

坚持亲密养育法 / 224

第十章　提防"婴儿教练"　　227

婴儿训练法有什么不对 / 230

婴儿训练法真的有用吗 / 234

为什么婴儿训练法如此盛行 / 237

面对批评 / 240

第十一章　工作期间保持亲密关系　　247

两个妈妈的故事 / 249

十条小贴士，帮助你在工作期间与孩子
保持亲密关系 / 254

宝宝会如何改变妈妈的职业规划 / 267

第十二章　亲密养育爸爸经　　271

我的故事：我是如何成为亲密养育型爸爸的 / 274

给爸爸的亲密小贴士 / 278

爸爸去哪儿了 / 288

爸爸对母婴关系的感受 / 293

第十三章　特殊情形下的亲密养育法　　299

单身父母的亲子关系 / 301

收养宝宝 / 303

高需求宝宝 / 307

有特殊需求的宝宝 / 311

多胞胎宝宝 / 313

第十四章　亲密的见证　　317

怎么会有妈妈不期待这样的亲密 / 319

什么样的宝宝是乖宝宝 / 321

给爸爸的礼物 / 323

工作也能保持亲密 / 324

敏感的夜间断奶 / 325

理解哭声 / 327

同情他人 / 331

长牙宝宝吃奶及十六岁孩子开车 / 331

序言

威廉医生和玛莎护士给父母的话

所有的父母都希望自己的孩子成长为善良、有爱、体贴、自律、聪明且成功的人。由于每个孩子生来具有独特的个性，因此父母就需要用不同的方式去培养孩子的优秀品质。了解用什么方式引导孩子的第一步是了解孩子的特点，成为自家孩子的专家。为了帮助你做到这点，我们将在此书中引荐一种"亲密养育法"，以及与之相应的"亲密养育七要素"清单。

"亲密养育理念"来自我们自己养育八个孩子的三十多年的经验，以及对身边很多父母的观察。他们采用了一些行之有效的育儿方式，培育出的孩子我们很欣赏，我们也见证了亲密养育法的成效。这些孩子有着独特的魅力：他们富有同情心，乐于助人，反应敏锐，他们信任自己，也信任身边的人。我们相信亲密养育法能够帮助孩子免受社会上一些不良习气的影响。在孩子幼年时，你的育儿方式确实直接造就了孩子成年以后的样子。虽然我们不能保证亲密养育法会让你成为完美父母，帮你养出完美的孩子，但我们可以保证，只要用亲密养育法，你的孩子将会更好地成长。并且，亲密养育法会让你成为更睿智的父母，帮你更好地享受为人父母的乐趣。

准确地说，有信心并且遵循直觉指引的父母，大部分都会自发地使用亲密养育法。过去几十年，"分离式养育"的盛行让很多父母失去这种本能的、高感知度的育儿理念。在这本书里，我们希望将亲密养育法交还给父母们。我们对亲密养育法充满热情，因为我们见证它的成效已超过三十年！它很棒！非常有效！现在，让我们一起来看看它在你身上会发生什么效果吧！

第一章

如何让宝宝
跟我更亲密

第一章　如何让宝宝跟我更亲密

"我很懂她。"一位新手妈妈带着她一个月大的宝宝做健康检查时骄傲地说,"她喜欢慢慢地吃母乳,我也爱看着她。"

◆ ◆ ◆

"大家都夸我的宝贝聪明。"一位妈妈对我说。她的宝贝六个月大,开心的样子吸引了我的注意力,我听他妈妈说话时,他就对着我笑。"安德鲁很少哭,他的确用不着哭。"

◆ ◆ ◆

"我一看他的眼神就知道他要往街上冲。"一位两岁宝宝的妈妈回忆。"我大喊一声:'停!'他立马转身看着我。可能他收到了我声音里的警告,没等我到他那儿呢,他自己就停下了。"

◆ ◆ ◆

"我女儿上周开始去幼儿园,她既兴奋又骄傲,因为能上'真正'的学校了。"一位四岁孩子的妈妈欣慰地说,"我本来有点担心,因为去年我们试过学前班,她还不太喜欢,但是现在她自信多了。而且,每天她自己玩上一段时间也挺开心。"

◆ ◆ ◆

"克莉斯的好朋友和其他孩子相处得不是很融洽,"一位四年级孩子的妈妈说,"但是克莉斯好像知道怎么帮助她,让她放松、开心。"

◆ ◆ ◆

"是的,我们信任女儿自己开车(虽然还没有同意她载人)。"一位十六岁孩子的妈妈告诉我,"她知道我们对她的期待,她也能基本上达到我们的期待。"

这些父母与孩子相处十分亲密,他们懂孩子,孩子也信任他们。育儿对他们来说轻松自然,而纵使这样,他们仍投入大量时间和精力去发现、关注孩子的需求。这样的父母通过努力成为孩子的"亲密父母",也收获了与孩子温暖开明的关系,以及彼此的信任。这种"亲密"让育儿变得更简单,也更享受。

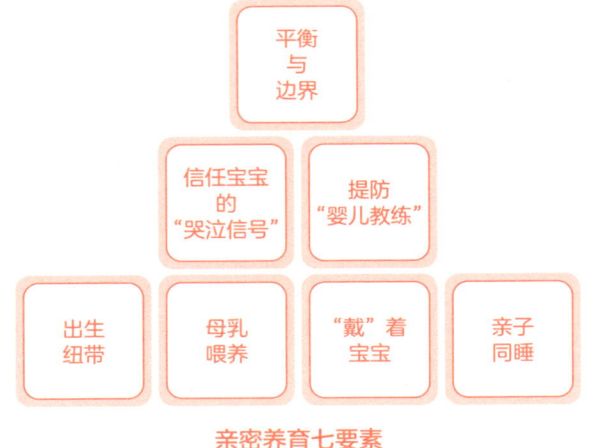

亲密养育七要素

什么是亲密养育法

亲密养育法是一套养育孩子的方法，而不是一套严苛的规则。使用亲密养育法的父母通常会采用特定的做法：母乳喂养，经常抱宝宝，实践正面管教……但是，这些只是建立亲密关系的工具，而不是判别"亲密父母"的标准。因此，先抛开常见的争议，如是母乳喂养还是奶瓶喂养，是哭出来还是忍着，哪种管教方法更好接受之类的问题。让我们回到最基本的部分——**亲密养育首先意味着打开你的头脑和心灵，去体会宝宝的个性化需求；让你对宝宝的感知去引领你，做出当下对你们双方都最好的决定。**简单来说，亲密养育法是学会读懂宝宝的暗示，然后给予恰当回应。

你会发现，亲密养育法并不是一套"要么全对，要么不做"的绝对化方法。也许你要在外工作，不能时时刻刻地践行我们的建议，或者你没法很有效地运用亲密养育的工具，但这并不意味着你不能成为一位"亲密养育型妈妈"。在我的儿科诊所里，我见过形形色色的妈妈，有全职妈妈，也有职场妈妈，她们全都能成功地运用亲密养育法。事实上，对职场妈妈而言，亲密养育法是更为理想的选择，建立坚固的亲密感会让工作和育儿相得益彰。在第十一章，我们会分享一些小窍门，告诉你如何在重返职场的前期和后期，保持与宝宝的亲密联结。

婴儿期，亲密关系的起点

养育孩子就好像一次旅行，终点是你从未到过的地方。宝宝出生前，你想象着这段旅程会是什么样子。你读各种旅行指南，计划行程，向朋友讨教这场旅程可能会有的经验教训。一旦你的宝宝降生，你们就一同踏上了这次旅途。一路上，你会发现以前听说过的风景，还有一些好玩的地方，但也会发现某些地方和旅行指南所描述的不尽相同，甚至有时候感觉好像身在完全不同的旅途中。有时候，头天赶上艳阳天，第二天又遇上暴风雨，令人不安；有时候乐趣无穷，有时候又恨不得赶下一班飞机立刻回家。

幸运的是，沿途有路标，告诉你是否走对了路，路上遇见的行人也会分享前方路况。如果你认真倾听你的宝宝，也会越来越熟悉他的语言。总之，你对这个充满挑战的新地方了解得越多，就会感到越来越舒服。最终你会发现，这是一个令人惊叹的地方，在这里你更加了解自己，也更加了解你的宝宝。

如同任何一趟旅程，养育自始至终都需要学会调整和适应。你不可能掌控一切，有些日子也会感到无能为力。你和宝宝将有各自前进的节奏，但如果你足够灵活并且多加留意，你和孩子将一同到达终点，从而拥有亲密的亲子关系。

沿途的帮助

"好的，我当然想要跟孩子拥有亲密关系。"你可能会说，"我想要搞清楚怎样对他才是最好的方式，我又如何做到呢？"

你的孩子和你一样，都是独立的个体，因此，你和孩子建立亲密关系的过程会有别于其他亲子。但在一开始，你可以参考其他父母采用的方式——一些帮助你和宝宝建立亲密关系的办法，这些方法某种意义上都可以叫作亲密养育法。你也要知道，**你与孩子的关系才是这趟旅程**

的终点，而亲密养育法只是到达那里的一种方式。

实际上，亲密养育法是一种很多父母凭着直觉在使用的育儿方式。当他们打开头脑和心灵，关注宝宝的需求和情绪时，他们会自然地用本书谈到的很多工具来做出回应，将这些融入生活。**最重要的一点是，与宝宝建立联系，并且在成长过程中保持这样的联系。**

我们之所以这样做，是因为它们在我们看来再自然不过了。直到后来我们才发现，原来这些做法还有个名字——亲密养育法，而这也印证了我们当初的做法是正确的。

亲密帮手：亲密养育七要素

做好任何一项工作都需要一套特定的工具，亲密养育法也不例外。工具越好用，工作起来就越轻松，效果越好。注意我们说的是"工具"而不是"步骤"，"工具"表明你可以选择其中的一种或者几种方法来完成工作，但"步骤"意味着，如果要完成这项工作，你必须按照顺序，遵循所有的步骤。你还可以将亲密养育法当成与孩子建立联结的一套工具。一旦建立了联结，整个亲子关系（管教、保健以及日常育儿生活）就会变得自然和愉悦。

我们把亲密养育的方法简单归纳为七大要素。这七大要素可以让父母和孩子从一开始就站到正确的起点，帮助父母找到自己的育儿风格，从而既能满足孩子的个体需求，也能满足整个家庭的需要。

> 我从亲密养育法中了解到，我就是养育自己孩子最好的专家。

针对新生儿的亲密养育工具需要基于母婴生理上的联系，同时也需要基于一些行为上的考虑，这些行为既能帮助孩子茁壮成长，也能让父母感到自己的付出有所回报。在孩子小的时候好好利用这些工具，你就开了个好头，不管孩子是在学前时期、十来岁，还是青少年时期，你都能很好地理解他们。

亲密养育"ABC"理论

在育儿过程中，如果你充分实践亲密养育七要素（B），你的孩子长大后，更有可能具备以下 A 类和 C 类特质。

特质（A）	亲密养育七要素（B）	特质（C）
才华横溢	出生纽带	乐于助人
适应能力强	母乳喂养	善于沟通
有所擅长	"戴"着宝宝	有同情心
令人佩服	亲子同睡	自信
情感丰富	信任宝宝的"哭泣信号"	通达
为人可靠	平衡与边界	体贴
做事有方向	提防"婴儿教练"	可爱
		好奇求知

有些父母会更多使用其中的一些工具，有些则会密集使用所有工具，还有一些父母会根据自己和孩子的性情，在某一阶段选择性地采用某些工具。还有的时候，由于医疗或者家庭状况，父母没法践行亲密养

育的一些方法，所以尽己所能对孩子来说就足够了。别忘了，**你的养育目标是与孩子建立并保持联结。**

出生纽带。从宝宝出生开始，最早期的依恋关系就形成了。出生后的那几小时或几天是一段非常敏感的时期，妈妈们会特别关注和留意她们的宝宝，新生儿也会展现非常神奇的力量，对悉心照料的看护人十分亲近。在宝宝出生后的一段时间，如果妈妈多和宝宝在一起，宝宝就会自然而然地亲近妈妈，妈妈也会由此激发出内在直觉和母性特质。宝宝有需求，妈妈也做好了准备，照顾宝宝的需求，彼此在生理上亲密无间。如果在出生后的前六周他们一直在一起，就会为未来的亲密关系建立良好的开端。做爸爸的也可以享受这种与生俱来的联系，虽然他们在生理上不能分娩，但在出生后的日子里，他们可以和可爱的宝宝建立情感上的联系。

母乳喂养。母乳喂养是了解宝宝的绝佳途径——我们称为"解读宝宝"。成功的母乳喂养需要妈妈对宝宝的隐性需求有所回应，这是了解宝宝，与宝宝建立信任关系的第一步。与分泌乳汁相关的女性激素——催乳素和催产素——会激发女性哺乳的直觉，帮助女性更放松，进而让宝宝感到平静。

"戴"着宝宝。被父母"戴"在身上的宝宝们哭闹会更少，更多时间会处在一种安静而不失警觉的状态。在这样的状态下，宝宝最能了解他们所处的环境，也最乐意待在那里。除此以外，当你把宝宝"戴"在身上时，你也会变得更加敏感。因为宝宝离你如此之近，你能更好地了解他们。宝宝学会了满足自己，也学会了信任他们的照料者。在一个忙于照料他们的亲人怀里，他们也会对周围的环境了解更多。

亲子同睡。其实并不存在一个"正确"的地方适合所有的宝宝睡觉，不管在哪儿，只要所有的家庭成员都能睡好，那就是最适合你家人的地方。大多数宝宝，但不是所有，他们靠近父母的时候睡得最香。对工作繁忙的父母来说，亲子同睡也会有助于与宝宝建立联系，除了白天和傍晚以外，夜间也可以照顾到宝宝的需求。这一点尤其适用于产假结束重返工作岗位的妈妈们。对小家伙来说，夜晚还是恐怖的，而与父母同床睡觉，父母的触摸、妈妈的乳汁都近在咫尺，宝宝的夜间分离焦虑会最大限度地得到缓解，他们也能感到，睡觉是一件让人愉悦的事情，并不可怕。此外，宝宝睡在身边，妈妈夜间喂奶也更方便。当然，这个方法并不是每个晚上都管用，有时候也会有例外。

信任宝宝的"哭泣信号"。哭声就是宝宝的语言，它能传递有价值的信号，确保宝宝的生存安全，也有助于提高父母照顾宝宝的能力。**宝宝是用哭来交流的，并不是用哭来操纵**。父母对宝宝的哭声反应越敏锐，他们就越能学会信任父母，并习得用哭声交流的能力。

平衡与边界。如果你满腔热情，对宝宝关怀备至，就容易导致忽略自己以及爱人的需求。在之后的章节中，你将了解到，为人父母，把握平衡的关键在于恰到好处地回应宝宝的需求——**知道什么时候说可以，什么时候说不**，同时在你自己需要帮助的时候，也有智慧看见并做到这一点。

提防"婴儿教练"。一旦你有了孩子，身边的好心人就可能向你灌输各种分离式育儿的建议，如"让他一次哭个够""让他按时间表来""别老抱她，会惯坏她的！"……我们把这种限制型的育儿方式称为"宝宝训练"。这种方式误导性地假定宝宝想用哭来操纵父母，而不是与父母交流，同时认为，宝宝哭闹也不是一个好习惯，会给父母造成不便，必须打破这个状态，让宝宝适应成年人的世界。在第十章，你将了解到，宝宝训练如果走极端，就会走向"双输"的局面。一方面，宝宝发出了信号，但没有换来父母的回应，宝宝会失去信心；另一方面，父母没有读懂信号并做出有效回应，父母也会失去信心。如此一来，宝宝和父母之间就产生了隔阂——这与亲密养育法带来的亲密亲子关系截然相反。在这本书中，我们自始至终想帮助你学会评估那些育儿建议，增强你的养育第六感，并对最终形成自己的育儿方式充满信心，而不是轻易受到"婴儿教练"的影响。

在之后的章节里，你将一一了解这七大亲密养育要素。

这些工具如何塑造你的育儿方式？ 七大亲密养育要素是你作为父母应该做的事情，同时它们也会对你将成为什么样的父母产生影响。出生纽带、母乳喂养、"戴"着宝宝以及其他亲密养育要素会让你对宝宝的暗示更加敏感。如果宝宝的需求很快得到满足，他们的语言得到关注，他们就会对自己给出信号的能力更有信心。如果宝宝能够更好地发出信号，父母就能够更好地给予回应，那么父母与子女之间的整个交流系统就会更加顺畅。亲密养育法就是这样一种育儿方式，让孩子和父母呈现最好的一面。

这种育儿方式对父母要求很多，尤其在宝宝出生后的前三个月到半年期间，你要付出很多自己的时间和精力，不过你也会得到更多回报。养育孩子就像是投资个人退休金，在孩子早年你投入越多，后期的回报也就越大。如果一开始你就努力工作，那么以后你就可以轻松自如，享受丰硕的劳动成果。

我觉得自己对孩子有很多情感上的投入，也和其他父母交流过，他们看起来并没有在孩子身上投入那么多情感，我觉得他们实际上错过了人生中最美好的体验之一。

亲密养育法不仅仅是母乳喂养宝宝、"戴"着宝宝以及和宝宝同睡等行为，它真正的意义是培养你的能力，让你能够对孩子的需求更敏感。这七大亲密养育要素可以帮助你做到这点。

• 亲密小贴士

相互付出

看到这七大亲密养育要素，你可能会觉得亲密养育是一场浩大的"付出马拉松"，你要源源不断地对宝宝付出，付出，再付出。你可能会担心，耗费那么多的精力，自己能不能吃得消。实际上，你和孩子交流得越熟练，就越有联结，你会发现自己作为父母越来越自信。你对宝宝的反应越敏感，宝宝对你的反应也会更敏感，你们之间的相处会更放松。这个过程对有些母子来说，可能耗时更多。此外，你会看到后续效应：在你的家庭、婚姻以及工作关系中，你也将变得更加敏感，有洞察力和辨别力。

亲密是怎样的体验

父母和孩子之间的亲密是一种特殊的依恋关系，这种亲密感就像磁铁一样，将你和孩子彼此拉近。对妈妈来说，从怀孕开始就会觉得宝宝是自己身体的一部分，亲密感便油然而生。分娩后，这种亲密感会继续加深，做妈妈的只有宝宝在身边时才能感到自己是完整的，一旦与宝宝分开，就会感到自己身体的一部分被抽离了。这种程度的亲密感并非一朝一夕形成的，也不是产后一小时里的短暂接触产生的，它更像是一张网，是在长时间的母子点滴互动中慢慢交织而成的。

亲密养育，解放自己

在分娩后的第一个月里，尤其是当你第一次当妈妈时，出生纽带可能感觉更像是一种枷锁。你会感到无助，也会担心自己当不好妈妈，这都很正常，再加上一些外界因素，如没能如期生产、宝宝和你想象的样子相去甚远，可能会让你的无助和焦虑更加强烈。除此以外，还有其他消耗精力的事情——喂奶、彻夜难眠、生活方式剧烈变化（助产士都曾提醒过你，但你当时听不进去或者根本不想听）都会接踵而至。然而，在第一个月集中解决掉很多问题后，亲密关系的阀门将被打开。至于这到底是何时发生的和怎样发生的，对每一对母婴来说都不同，但终究会来的！到那时，你就不会过多地想自己付出了什么，而是更留意自己获得了什么。渐渐地，亲密养育会帮你变得更自在，你将遵循本能的驱动，自信地听从自己的直觉来照顾宝宝，从容地享受母亲这个身份。

他看起来会受我心情的影响。我是他的一部分，就像他是我的一部分一样。

亲密就是合拍。 妈妈们经常将亲密形容为跟宝宝合拍。当乐队里的音乐家们合拍时，他们便能演奏出和谐共振的音符。

当你和宝宝合拍时，就好像你的内在某处被宝宝的需求所震动，宝宝给出的暗示，如哭声、烦躁或者是某种特殊的面部表情，都会激发你相应的动作反应，而且反应频率也十分正确。当你和宝宝在给出暗示和做出回应之间来回排练时，你会不断细微地调整自己，直到和谐，宝宝也会随着你的调整而产生变化。最终，你俩将和谐共振，进入非常美妙的状态。

我与我的孩子们建立联结，也就掌握了他们的节奏。

父亲与宝宝的亲密关系

对于大多数家庭，最初的几个月里，母婴间的亲密关系要更明显，也更强烈。但这并不意味着爸爸没有与宝宝产生亲密关系，只是亲密风格不同而已。这种风格与母婴间的亲密并没有优劣之分，仅仅是不同而已。爸爸也可以运用亲密养育的要素，与宝宝建立亲密关系。只要对宝宝的语言做出回应，在他们哭的时候给予安抚，爸爸也可以与宝宝建立牢固的亲密关系（我们将在第十二章中详细讨论父亲与宝宝的亲密关系）。

亲密是一种联结。 与爱情一样，亲密的母婴关系也是一种美妙的感觉，虽然无法描述，但却一直存在。有时你很高兴能抱着自己的宝宝，有时你为你和宝宝的关系感到欣喜若狂，有时你需要独处，但即便如此，你与宝宝的联结依然存在。

和宝宝在一起时，我感觉很好，一旦分开，就感到哪里不对。有时候，宝宝的需求很多，消耗了我太多精力，我就会在丈夫下班回来后休息一下，但是没过多久，我又迫不及待地想和宝宝在一起了。

当我们出远门旅行时，玛莎会让手表上设置的时间和家里的时间保持一致。这让我们四处游玩这件事有些复杂，我就问她为什么不把手表重新设置一下，她解释说："我知道加利福尼亚的时间，就能保持和孩子们的联结，他们每时每刻可能在干什么我都知道。"

亲密是对一个生命的了解。 当你和宝宝关系亲密时，你会把他当成一个有着明确需求和喜好的小小人儿，你清楚他需要和喜欢的都是什么，这些加在一起构成了他的独特个性。有一位妈妈谈起自己蹒跚学步的孩子时，自信地说："我特别能读懂她。"如果你和宝宝关系亲密，你就会成为你孩子的专家。了解了他的行为，你就知道他什么时候身体不舒服，什么时候需要你的肯定，什么时候希望靠自己的摸索解决问题。你只有深入地了解他，才能帮助儿科医生给他提供适宜的保健，在未来的日子里，你还能帮助学校的老师促进孩子的学习。

我与杰西卡之间的亲密关系，让我成为一个更加明智的妈妈。

亲密就是适应。 这个极为平常的词却完美地概括了父母和孩子在生命最初几个月里是如何相互调整的。相互适应会让关系变得完整，也让父母和孩子表现出最好的一面。

有些父母和孩子很容易相互适应。一个性格随和的宝宝可以很好地适应有些焦虑的妈妈，宝宝快乐的天性会给妈妈带来很多积极的力量，让妈妈学会放松，享受与宝宝的亲密。一个性情难相处的宝宝可以很好地适应对他关心备至的妈妈，妈妈以积极的方式回应宝宝的高需求，宝宝就会渐渐地放松下来。如果宝宝焦躁不安，而妈妈也对自己没有信心，或者刻板地看待宝宝的需求，那么相互适应就会比较困难。这时候妈妈需要做出调整，去适应宝宝，或者给自己多些休息时间。如果她能改变方式方法，她会发现宝宝也会变得很容易相处。

宝宝的视角。对新生儿来说，生活就像一块巨大的拼图，妈妈引导着宝宝如何将拼图一片片拼起来。妈妈为宝宝解读这个世界，比如，饥饿需要食物，痛苦过后是舒适，寒冷与温暖交替，放松好过紧张。对宝宝来说，尤其是在最初的几个月里，妈妈为宝宝提供食物、安慰、温暖、睡眠，以及对世界的认知，妈妈不仅满足了宝宝的营养和安全需求，还帮助宝宝理解周围的世界。像成年人一样，宝宝会自然而然地亲近最能满足他们需求的人。

对妈妈来说，亲密是一种与宝宝保持亲近的渴望；而对宝宝而言，亲密则是一种亲近妈妈的需求。并不是所有的妈妈一开始都会有强烈亲近宝宝的渴望。你亲近宝宝可能是出于责任感，也可能出于其他一些复杂的情感，这些可能不一定是爱。这一关并不容易过，但是如果你采用亲密养育法，包括自我放松休息，你会更有意愿去做不得不为宝宝做的事情。如果你顺其自然，亲近宝宝的渴望会越来越强烈，直到有一天你会发现自己需要宝宝，就像他或她需要你一样。

> 我喜欢和我两岁的宝宝在一起，再没有什么比这更有趣、更让我满足的了。

亲密养育法带你入门。亲密养育意味着你首先要敞开心扉，看到宝宝的个性化需求。如果你这样做，最终你会积累足够的智慧，能够做出当下对宝宝和你都最好的决定。尽你所能去利用好手头资源，宝宝对你的期望莫过于此。

第二章

亲密养育法的百般好

第二章　亲密养育法的百般好

　　如果想从亲密养育法中最大限度地获益，就要用上全部的亲密养育要素——体验一种称为"协同增效"的状态。例如，"戴"着宝宝有助于母乳喂养，因为宝宝离妈妈近，方便频繁地吃奶；睡在宝宝身边也能使母乳喂养更加容易，有助于父母加强与宝宝的联系，并对宝宝的哭声更敏感。在催乳素的影响下，哺乳的妈妈会对宝宝的哭声更加敏感。如果你使用前六大要素越多，你就会对"婴儿教练"越警惕。如果你没有把握使用第一要素——出生纽带，那就加强使用其他要素，这会帮助你加深与宝宝的关系，激发你的内心感受，让你觉得一切付出都是值得的。有时候受限于生活环境，你并不能使用全部的七大要素，那么你只要抓住一切时机，尽量多使用就可以了。一旦体会到亲密养育法带来的短期及长期的好处，你总能找到办法去做。随着对亲密养育法的深入了解和使用，你会惊喜地发现给宝宝、父母和整个家庭带来的诸多好处。

宝宝更聪明

　　亲密养育法不仅仅是育儿常识，它还有科学依据。在婴儿如何学习方面，所有专家都支持这样一种理念：那些在高接触和及时回应的环境下成长起来的婴儿更加聪明。为什么会这样呢？让我们从脑生物学、照料环境以及婴儿自身的角度，看看亲密养育法是如何促进婴儿的智力发展的。

大脑发育更好。婴儿出生时，大脑里有很长的"线"缠绕在一起，这些"线"被称为神经元。神经元是大脑中传导思维的细胞。刚出生时，婴儿脑中的许多神经元还没有连接起来，显得杂乱无章，随着成长，婴儿的大脑也开始发育。在婴儿出生后的一年里，大脑的体积翻倍，脑容量能达到成年人的60%。随着大脑的发育，神经元也在发展，相互之间建立起连接，这些连接就是婴儿组织和学习的方式，形成存储模式和记忆的神经元回路。神经元连接得好不好、多不多，都与婴儿和环境的互动直接相关。

多触摸，少物品

当我们在婴儿用品商店闲逛时，不禁诧异自己究竟是如何在没有这些婴儿用品的情况下养大八个孩子的。塑料婴儿座椅、婴儿监视器、机械秋千、婴儿摇床，还有各种高科技（高价）设备，都承诺让照看宝宝这件事变得更加方便——远程也行。

自怀孕的那一刻起，你就会受到各种育儿信息的轰炸，告诉你如何养育出一个快乐、聪明的宝宝。各类育儿书籍、课程，以及益智玩具都向你承诺能为宝宝十七年后的高考增加分数，接下来就是上常青藤盟校。婴儿用品是一个巨大的市场，做父母的总想给孩子最好的，急于打开支票簿或者交出信用卡。

对于婴儿设备、益智教材，以及充斥美国各大商店的诸多婴儿用品，我们建议选择"高触摸"，而不是"高科技"。对于婴儿来说，最佳的玩耍对象应该是一个人。花些钱买一个婴儿背带，甚至买两个：一个妈妈用，一个爸爸用；或者一个放家里，一个放车上（记住，不要在车内使用背带，任何时候婴儿在车内必须被放在汽车安全座椅里）。让宝宝从你不断移动的臂弯里探索外面丰富多彩的世界。记住，让宝宝变得更聪明的不是某样物品，而是与人的关系。

在最初几个月里，宝宝重复经历着数百次"刺激—回应"的互动（我饿了，就会喂我吃奶；我害怕了，就会抱我）之后，他们会将这些场景中的心理图像储存在脑海里。最终，宝宝的脑中会建立起一个亲密场景的数据库，形成自我意识的开端以及对这个养育世界的最初认识。这个关联模式的数据库将帮助宝宝预见父母对自己需求的反应，例如，他们一哭，父母就会抱起他们。如果宝宝期待的亲密场景能够重演，他们的期望刚好被敏感的看护人满足，幸福感就会加强，这将永久影响他们未来的亲密关系，**影响信任能力的建立**。

互动受限的宝宝——往往指较少接触悉心照料者的宝宝，比起身边有敏感看护人一起互动的宝宝，他们大脑中建立连接的机会比较少。大脑研究人员认为，从长远来看，更多更好的连接会让一个孩子更加聪明。在孩子的生命中，亲密养育法恰恰在他们大脑最需要刺激的时候提供了适当刺激，促进大脑发育。

一个有足够关怀的育儿环境。关于婴儿发育的研究表明，在育儿环境中，有以下四个因素最能促进婴儿的发育。

1. 对婴儿暗示的敏感性和反应敏锐性。

2. 强化游戏互动中的言语提示和交流频率。

3. 接纳并顺应婴儿的性情。

4. 主要看护人营造有刺激反应的环境以及鼓励决策、解决问题的游戏。

> **• 亲密小贴士**
>
> 亲密养育法帮助发育中的大脑建立正确的连接。

安静的警觉状态。 从宝宝的角度来看，世界是怎样的呢？如果你想了解宝宝好奇眼神背后是如何认识这个世界的，记住，当宝宝处于一种安静的警觉状态时，学习效果最好。亲密养育法可以帮助宝宝更长时间地处于这种状态之中。如果他们的哭声立刻得到回应，如果他们在妈妈和爸爸的臂弯里待上很长时间，他们就会平静，更愿意去学习。在这种状态下，宝宝不仅更加专心，而且还能更长久地吸引看护人的注意力，进而从他们身上学到更多。

如果宝宝被"戴"在背带里，他们可以接触到妈妈，也可以随妈妈的活动而活动，他们就会亲密地融入妈妈的世界。夜里，宝宝和爸爸妈妈一起躺在床上，蒙眬入睡时，他们会听到父母睡前的窃窃私语。在商店里或聚会时，宝宝观察着陌生人的脸，等待着他们露出跟妈妈一样温暖的微笑。因为自己的妈妈或爸爸就在身边，他们感到安全——即使在新的地方也能保持安静的警觉状态。

科学依据表明：
亲密养育的宝宝更聪明

曾几何时，父母忧心忡忡，"婴儿教练"教导说你抱宝宝的次数越多，就越会"惯坏"宝宝，宝宝的运动技能可能就越差。约翰斯·霍普金斯大学的西尔维娅·贝尔博士与玛丽·安斯沃斯博士进行的研究推翻了这一"溺爱"理论。她们的研究表明，那些与妈妈有着稳定亲密关系，而妈妈又能对他们的需求做出恰当回应（例如，知道什么时候抱起他们，什么时候放下他们）的宝宝，其智力与运动能力发展得更好。他们的研究还发现，总在幼儿围栏床里玩的宝宝，智力与运动能力发展较缓慢。他们发现，妈妈与宝宝之间的互动最能促进宝宝智力和体力的发展，这包括妈妈敏锐的回应、身体与语言上交流的频率（这时候，将宝宝"戴"在身上和进行母乳喂养就显示出优势了），以及在地上自由玩耍的时间（宝宝有机会在妈妈的诱导下，自由探索周围环境）。他们得出结论，和谐的母婴关系与宝宝的智商相关，比起机械的教导，父母的养育对宝宝的智商影响更大。他们还总结——之后的研究人员也得出了相同的结论——妈妈对宝宝需求的敏感度是宝宝身体及智力发育的主要影响因素。

父母是宝宝的第一任老师。你不需要非常富有或聪明，也能够为宝宝提供丰富多彩的生长环境。你只需要在宝宝身边照顾他。一个婴儿的智力发展并非依赖"超级婴儿"班、益智玩具或者莫扎特的乐曲，更重要的是，他的身边有关爱他并能及时回应他的人，这样他的潜能才能得到充分发挥。在 1986 年美国儿科学会年度会议的主题演讲中，婴儿成长发育专家迈克尔-路易斯博士针对当时过分炒作的"超级婴儿"现象，回顾了关于促进婴儿发展的关键因素，并指出"超级婴儿"强调使用的课程和工具并不是关键，照料者的陪伴才是，他们是婴儿的玩伴，也是敏锐的养育者。最后，他这样总结他的演讲："对孩子智力发展最重要的影响因素就是妈妈对宝宝暗示的敏感性。"

宝宝更健康

在三十年的儿科医生生涯中，我注意到用亲密养育法养出的宝宝通常身体是非常健康的，科学研究成果也证实了我的观察。这些宝宝很少生病，即使生病了，一般也会很快康复，他们很少因为严重的疾病需要住院治疗，也很少患上各种儿童常见疾病。亲密养育法养育的宝宝更健康，有如下几个原因：

- 他们大多是母乳喂养的。妈妈通过母乳将免疫物质传给宝宝，为宝宝提供重要的保护，让他们少生病。
- 因为父母对宝宝的需求非常敏感，宝宝的压力激素水平较低。而压力激素水平高的时候，就会影响人体对疾病的免疫力（这就是为什么不管是大人还是小孩，压力大的情况下都容易生病）。
- 亲密养育法让宝宝的身体状态平稳有序、哭得少，更多时间处于安静而警觉的状态，所以他们在生理上更稳定，也就意味着身体更健康。

● 亲密养育型妈妈会更加关注食物的营养，她们很善于挑选食物，为宝宝树立了健康饮食的榜样。她们不会让自己的孩子吃含糖量高却没有营养价值的垃圾食品，她们这样做正好符合了希波克拉底提出的"以食为药"理念。

科学依据表明：
亲密养育法养育的宝宝运动发展更好

父母也许会担心将宝宝过多"戴"在身上会延缓宝宝爬行的欲望。别担心！经验和研究成果都表明，亲密养育法养育的宝宝实际上运动发育更好。1958年，马塞勒·格伯博士对乌干达的308个婴儿进行了研究，这些婴儿都按亲密养育法抚养长大，刚好也符合当地的典型文化（妈妈在白天大多时候"戴"着宝宝，一天到晚经常喂养母乳，晚上宝宝也睡在妈妈身边）。格伯博士比较了这些婴儿和欧洲婴儿的心理运动发展情况，欧洲的婴儿则按照欧洲当时盛行的更有距离感和计划性的育儿方式养育（宝宝定时吃奶，单独睡在婴儿床上，不会被"戴"在身上，用"哭声免疫法"来进行睡眠训练）。比较结果表明，与欧洲婴儿比起来，由亲密养育法抚养的乌干达婴儿在第一年中表现出更早成熟的运动和智力发展。有了科学研究的可信度，父母对宝宝低爬行欲望的担心就可以放下了。

恰当的保护

亲密养育型妈妈会认真挑选接替自己照顾孩子的人,也会小心避免孩子和感冒流鼻涕的玩伴接触。妈妈和看护人会时刻关注孩子的行为,所以孩子不大可能受伤。他们还知道孩子善于做什么,能辨别孩子周围的危险因素,比如,放在窗户旁的可以攀爬的家具。

我是一个单身母亲,回到工作岗位前,我开始为孩子精心挑选日托所。我去了很多家日托所,对每一家都做了细致入微的考察,从换尿布的设施到那里其他小朋友的健康状态和情绪状态,我都一一留意。我还仔细地追问各个日托所关于休病假的孩子入所的政策。

> **• 亲密小贴士**
>
> 亲密养育法 = 最早的自然免疫法

有一天,我和一些儿科医生分享我的观察:亲密养育的婴儿更健康。我打趣说:"如果所有的婴儿都是按照亲密养育法养育的,我们这些医生至少有一半要下岗,靠捕鱼为生了。"

亲密养育型妈妈是健康伙伴。 亲密养育法让妈妈这个主要保健员更加善于观察,也能更好地与孩子的医生合作。儿科医生需要父母和医生进行合作,父母的任务就是仔细观察、精确汇报,医生根据父母提供的信息来进行诊断和治疗。

亲密养育型妈妈更早注意到宝宝的病情。妈妈对宝宝的了解是任何诊断测试都不能比拟的。宝宝生病前，情绪通常会先发生变化，因为妈妈了解宝宝，她们会很快注意到宝宝行为的变化，知道宝宝生病了。宝宝的肢体语言告诉妈妈，他们肚子疼或肠胃不适。宝宝的情绪，哪怕仅仅是眼神，都能告诉妈妈他们感冒了。而且，因为妈妈总抱着宝宝，她们会很快发现宝宝发烧了。在小病转变成大病之前，妈妈可以及时将宝宝的这些症状告诉医生。妈妈也许不知道到底出了什么问题（那是医生的工作），但是她们绝对知道什么时候出了问题。

我能通过她不同于以往的吃奶方式知道她另一只耳朵又感染了。

科学依据表明：
亲密养育型父母可以更明智地使用医疗护理

《儿科医学》在1989年发表了一项研究成果，表明在婴儿出生后一年中，亲密养育型父母可以比其他父母更加合理地使用医疗保健。研究人员指出，与父母有着牢固亲密关系的宝宝，去急症室或去医院看病的次数要少一半，而那些亲密关系不够牢固的宝宝，会更多地发生需要紧急护理的突发性情况。这项研究的结论是，不够亲密的父母正确解读孩子健康和生病迹象的能力较弱。

是疝气，还是别的什么原因？小宝宝哭得很厉害的时候，别人会告诉父母这只是疝气而已，宝宝长大后就不会这样了。亲密养育型妈妈与宝宝非常有默契,对宝宝的哭声有着极度敏锐的洞察力,她们可能并不认同疝气的诊断。我经常看到有父母在宝宝疝气的时候来诊所再次咨询。妈妈们往往会这样说:"我知道不对劲,感觉他很疼,他的哭声和平时不一样。"因为我特别尊重亲密养育型妈妈的直觉,我会在妈妈对宝宝疼痛原因有所怀疑的时候对宝宝进行彻底检查。例如,当检查疝气宝宝(我们更倾向于使用"疼痛宝宝"这个词)时,我们经常会发现宝宝的疼痛是有病因的,例如,胃食管反流或牛奶过敏。妈妈们是对的!

大些的孩子是健康伙伴。我发现,父母对孩子的感受越敏感,孩子对自己身体健康的状况就越有觉知。亲密养育法让孩子不仅更了解自己的身体,还能更快地将身体变化与父母进行交流。因为父母和孩子彼此信任,他们相互交流腹痛或咽喉痛也更加容易,甚至还能交流疼痛程度以及解决办法。

我用亲密养育法养我的孩子。八岁的时候,他得了严重的肠道疾病,他这样对我说:"妈妈,告诉你我最大的秘密,我的肚子一直疼。"

我的两个医学博士儿子詹姆斯和罗伯特加入西尔斯家庭儿科诊所的时候,我作为医生和父亲,给了他们这样一个建议:"最初的几个月里,你们先将亲密养育法教给新父母们,然后去听他们要教会你们的东西。"

宝宝发育更好

亲密养育的宝宝会更加聪明健康,能够茁壮成长,不仅仅是个子长高或体重增加，还体现在生理、情感以及智力上达到最大限度的发展。之所以会这样，是因为他们不需要浪费很多精力上演哭闹大戏以获得他们所需要的东西。如果宝宝靠一个眼神或一个小动作就能成功吸引妈妈的注意，要比竭尽全力哭上五分钟消耗的热量少许多，他们就可以把省下来的热量用于生长发育了。

亲密的身体化学反应

激素会影响宝宝和妈妈两个人的生理状况和行为，特别是在母乳喂养期间。当妈妈和宝宝保持紧密的接触时，宝宝所获得的不仅仅是愉快的心情，还有身体的美好感受。经常性的亲密接触就像强心针，让你和宝宝保持和谐的关系。相信你的生理机能，它对你大有益处。

当与宝宝有牢固的亲密关系时，他们也会在生理上做出回应。例如，压力激素——皮质醇的分泌就是这样一个例子，皮质醇由肾上腺分泌，有着多种功能，包括帮助人应对有压力甚至有生命危险的状况。人体机能想要运转得最好，就必须有适量的皮质醇——太少的话，身体停止运转；太多了，身体变得虚弱。研究表明，牢固的母婴亲密关系可以帮助宝宝维持激素的平衡。亲密关系不够牢固的宝宝要么皮质醇水平较低，变得冷漠，要么皮质醇水平一直较高，变得长期焦虑。

婴儿如果没有机会建立足够稳定的亲密关系，就很难茁壮成长。他们看起来可能会很悲伤甚至冷漠，好像失去了生活的乐趣。一直以来，我注意到亲密养育法能让宝宝看起来或者感觉起来都会不一样。我很难描述清楚，他们实际上表现得和他人有联结，会寻求眼神接触，相互信任,也喜欢被紧紧拥抱。他们对自己的身体有坚定的觉知,他们的眼神明亮又热切。简单地说,感觉好的宝宝长得也好,你可以将亲密养育法当作宝宝茁壮成长的滋养品。

宝宝表现更好

当个宝宝并不容易,从安静舒服的子宫环境一下子进入明亮嘈杂、异彩纷呈的外部世界,对宝宝而言是一个巨大的挑战,尤其这个时候的宝宝大脑里还没有任何突触连接,可以让他们理解时间之类的概念,他们甚至不知道作为一个独立的个体是怎么回事。在宝宝出生后的几周里,他们要耗费很多精力,才能应对最基本的问题,慢慢适应子宫外的生活。在这段时间里,妈妈和爸爸必须帮助宝宝调整自己的行为。当宝宝给出肚子饿的信号时,妈妈需要介入,说道:"我们吃奶喽!"宝宝肚子吃饱后会想:"啊,那种可怕的感觉没有了,是吃奶让它消失的。"当宝宝在婴儿床里独自醒来的时候,他们向外伸展自己的胳膊和腿,感到很害怕。这时候爸爸来了,将他们抱起,让宝宝小小的身体窝在爸爸强壮的臂弯里,宝宝就会想:是的,爸爸会照顾我的,我很安全。

亲密养育法让小家伙更有公平心

并不是说亲密养育法养出的孩子从来不顽皮,总是很乖,但是他们会更倾向于做正确的事。他们不会经常生气,也不会和父母陷入权力斗争,所以他们并不需要通过做错事来获得关注。也因为他们受到了公平的对待，他们往往有一种内在的公平感。当他们做错事的时候，他们愿意加以改正，愿意听从他们信任的成年人的建议，通常是父母给出的建议。

> 我曾经帮一个朋友照看他的儿子，这个孩子习惯了用打人来解决问题。有一次，我的女儿麦迪逊过来告诉我，朋友的儿子打了她，她就跟他说："在我们家里，我们不打人的，我们只谈论让我们生气的事。"要知道，我的女儿当时才三岁。

如果父母在家里走到哪里都"戴"着宝宝，或者父母在宝宝哭闹的时候轻拍他们的背宽慰他们，宝宝就能感到平静，而不用耗费精力去担忧。我们说到宝宝变得更乖了，意思是说宝宝处于"最佳状态"。宝宝处于最佳状态的时间越长，就越能学会为自己创造这样的状态。他们可以长时间处于"感觉良好的状态"，然后在肚子饿的时候更容易进入"吃奶状态"。有妈妈睡在身边，宝宝在夜里大部分时间都可以处于"熟睡状态"，即使醒来吃奶后，也能很快回到熟睡状态。在爸爸妈妈的帮助下，宝宝会变得更有条理，表现更好，更讨人喜欢。

科学依据表明：
亲密养育的婴儿茁壮成长

对人类婴儿和动物幼崽进行对比研究，科学家们得出了这些有趣的结论：

1. 与妈妈之间亲密关系牢固的人类婴儿，皮质醇水平最为平衡。

2. 动物幼崽与妈妈分开时间越长，体内皮质醇水平越高，说明幼崽可能长期处于焦虑状态。与幼崽分离时，动物妈妈的皮质醇水平也会升高。

3. 长期皮质醇水平升高可能会减缓生长，抑制免疫系统。

4. 动物幼崽与妈妈分离时，自主神经系统会出现紊乱，这是控制身体生理机能的主控制系统。幼崽心率和体温均不如往常稳定，会出现不正常的心跳（又称为心律不齐），睡眠模式也会受到干扰，如快速眼动睡眠（REM）时间减少。在与父母分离的学龄前儿童中，研究也发现有类似的生理变化。

5. 除了长期肾上腺激素水平升高引起的躁动以外，分离有时候还会引起相反的生理效应：情感冷漠、皮质醇水平低而引发抑郁。

6. 靠近妈妈的动物幼崽体内生长激素和酶水平较高，这两种物质对大脑和心脏的发育非常重要。与妈妈分离或者妈妈在身边但缺乏互动时，都会引起这些促进生长的物质水平降低。

许多研究人员得出了同样的结论：母亲在婴儿紊乱的生理机能中起着调节作用。

表现好的宝宝长大后更可能成为表现好的孩子。你也许从未将亲密养育要素当作管教的工具，但它们的确可以帮助你管教孩子。不论是现在还是未来，"戴"着宝宝、按需喂奶、睡在宝宝身边、信任宝宝的"哭泣信号"都是规范宝宝行为的有效方法。

因为我在孩子出生后的头几年采用了亲密养育法，给孩子打下了牢固的心理基础，现在我感到教养孩子有更多容错率。即使我搞砸了，也不用太担心，因为我明白，之前的努力不会白费。

亲密养育法让孩子有担当

父母自然都希望孩子长大后可以为自己的行为负责，希望他们成年后可以为家庭和社会负起责任、做出贡献。责任心源于反应性，当父母能恰当地回应孩子的暗示时，孩子长大后也会具备回应他人需要的能力，他们因此而成为有担当的人。

亲密养育法让管教孩子更容易的六大途径

当你带着刚出生的宝宝出院回家时，也许根本没有开始考虑如何管教孩子。也许你害怕不得不去面对这样的话题，因为你想弄清楚自己会成为什么样的管教者。又或者你心中已经有了一些管教孩子的想法，最基本的一条也许是"我的孩子别想和我顶嘴"。

管教孩子不是要你对一个孩子做些什么，而是你与孩子一起做些什么，所以管教孩子其实从孩子婴儿时期就开始了。亲密养育法带给你管教孩子的极好启动工具，为你在日后指导孩子奠定了坚实的基础。它们是如何发挥效用的？具体如下：

> • **亲密小贴士**
>
> **管教的基础：关系和规矩**
>
> 对于使用亲密养育法的父母和他们的孩子，管教更大程度上是建立在他们的互动关系上，而不是一套规矩上。

1. 帮助你了解孩子。要成为一个明智的家长，你必须非常了解你的孩子，无论你对纪律的看法如何，首要任务是了解孩子。我们经常对新晋父母说："你不需要是育儿或管教方面的专家，但是你必须成为你家孩子的专家，其他人是做不到这点的。"如果你非常了解你的孩子，你会了解他是如何看待事物的，有了这样的认知，你就可以适当塑造孩子的行为。举个例子，我们的第六个孩子叫马修，他刚学会走路时就是一个非常专注的孩子，玩耍时会全神贯注。玛莎了解他的这个特性，知道要让他停止游戏，不能简单地将他抱开，因为他很难放开手头的游戏，听妈妈的安排。作为一个敏锐的家长，玛莎研究出了一套让他放下游戏的方法。在结束前几分钟，玛莎会陪着马修，帮助他结束游戏，"和卡车说拜拜，和汽车说拜拜，和男孩子说拜拜，和女孩子说拜拜"等。这样一来，玛莎就帮助马修结束了一项游戏（即便是他最喜欢的游戏），然后顺利进入下一个活动。

我了解我的孩子，这让我很有力量。这种对孩子的了解就像是第六感，让我能够预判并控制形势，让孩子远离困境。我非常了解女儿莉亚在每个阶段的成长，亲密养育法让我可以设身处地为她着想，我会想象

她需要我怎么做。

> **• 亲密小贴士**
>
> 管教更在于与孩子建立起正确的关系，而不在于拥有正确的技巧。

2. 帮助你从孩子的角度看问题。 了解你孩子的视角有助于你做出恰当的回应，并引导他们的行为。有一次，我们两岁大的女儿萝伦从冰箱里拿出一罐牛奶，结果掉在地板上了，萝伦忍不住哭号起来，玛莎听到哭声跑过去。看到这种情形，她并没有责骂萝伦，也没有因为地板一团糟而生气，反而平静且敏感地问萝伦刚才发生了什么。后来，我问玛莎她怎么能够如此平静地处理这些事情，玛莎回答："我问自己，如果我是萝伦，我会希望妈妈怎么回应呢？"

3. 促进信任。 如果你希望别人听从你的指挥，你必须先赢得他或她的信任。当你满足孩子的需求时，信任感就培养起来了。孩子如果相信爸爸妈妈会在他们需要时提供食物和安抚，那么在父母说"不要碰！"甚至"该收拾玩具，准备睡觉"的时候，也会信任并听从父母的建议。权威对于管教至关重要，而权威必须以信任为基础。如果婴儿可以信任妈妈会在他们饿了之后来喂他们，他们就更有可能在学会走路后听妈妈告诉他们怎么办。例如，当他们不小心碰倒了奶奶放在咖啡桌上的易碎物品时，他们会来寻求妈妈的帮助。

4. 促进孩子大脑运作。 我们相信，在养育中没有得到回应的孩子长大后出现行为问题的风险更高，如多动症、注意力分散、易冲动等。这些行为都是"注意缺陷与多动障碍"的具体特征，越来越多的孩子被诊断出这种病症，如今，成人也有患上此症的。被亲密养育的孩子总体上比其他孩子注意力更集中。在个性形成的那几年里，孩子接受养育的方式会不会直接影响大脑对行为的控制？长大后出现的一些行为问题是不是早期养育混乱的结果？可以肯定的是，孤独症与注意力缺陷障碍并不是由低接触养育造成的（这些孩子大都存在生理性的器质差异），但是我们注意到，在已经出现这些问题倾向的孩子中，亲密养育法可以降低问题的严重程度，并且可以提高父母应对和处理问题的能力。

5. 鼓励孩子服从。服从意味着用心倾听。亲密养育法不仅让父母敞开胸怀满足孩子的需求，也让孩子敞开胸怀实现父母的愿望。与父母亲密的孩子希望能取悦父母，他们希望与父母的想法一致。想法一致是怎样的呢？如果父母与孩子建立起亲密关系，就会经常发现他们想法一致，这使得孩子更容易服从。因为你的孩子知道你可以从他的角度出发看这个世界，他就会更加容易接受你的观点。因为他信任你，所以也更容易接受你为他设立的界限。只要亲密关系够牢固，即使是意志坚定的孩子也会遵循父母的指导。

我只需要用不赞同的眼神看着他，他就不再淘气了。

6. 帮助你管教难管教的孩子。如果你的孩子处处挑战你的育儿技能，亲密养育法对你尤其有价值。我们将有这种个性的孩子称为高需求孩子，他们各种需要都会多一些：要求父母多与他们互动，在婴儿期多吃奶，被"戴"在背带里的时间要长一些，游戏中需要的引导多一些——除了睡觉之外，其他各方面的需求都要多一些。有的时候，父母到了孩子三四岁的时候才意识到他们的孩子需要一种特殊的管教。例如，多动的孩子、发育迟缓的孩子或者脾气不好的孩子，从一开始就努力与这类孩子建立亲密关系，父母能够更加容易地接受孩子所带来的种种挑战。

孩子的意志力越坚强，我们与孩子的联系就会越牢固。

与孩子紧密联系的父母非常了解他们的孩子，对孩子的个性也很敏感。孩子如果感受到与父母的紧密联系，就会信任父母，让他们帮助自己实现自我控制。关于早期育儿方式对孩子有怎样长远影响的研究表明，婴儿期的亲密养育与童年的适应能力有相关性。适应能力强的孩子更容易在困难中重新振作，父母需要密切关注这类孩子，这类孩子也会接受父母的建议和纠正，从而避免行为问题上升为行为战争。

养育独立自主的孩子

和大多数的父母一样，你会希望自己的孩子变得独立自主。历史学家和社会评论家指出，拓荒史造就了美国这个无比重视独立和个性的国家。但是，让你的孩子过早地变得太独立，其实并不好。无论是对孩子，还是对成年人来说，我们都不认同将独立作为努力追求的品质。好好想一想，情感健康的人从来都不是完全独立的，我们所有人都需要与他人建立关系让生活更加完整。请考虑以下几个阶段：

1.依赖："你替我做。"从出生到一岁，婴儿信任父母，父母也会对他们的需求做出回应。

2.独立:"我自己做。"在第二年,学步幼儿在探索中学会独立完成许多事情,父母只是作为协助者。

3.互相依赖:"我们一起做。"这是最成熟的一个阶段,你也许没有听说这个阶段,但是互相依赖其实比依赖和独立都更加健康。互相依赖的人知道如何与他人合作,如何在对自己要求很高的同时,让自己和他人的关系发挥最大的作用。

在养育孩子的时候,你会帮助他们一步步经历这几个阶段,最终让他们在情感上成熟起来。你希望你的孩子在独处时和与他人相处时都能感到轻松自在。互相依赖让孩子学会既当领导者,又当跟随者。独立的个人主义者也许会太执着于自己的想法,而错过群体的参与;依赖性太强的孩子又忙着随大溜,以至于从来没有机会了解自己的想法。

亲密养育法养出"富足"孩子

在浏览我收集的所有亲密养育感言时,我发现有一个重复出现的主题:被亲密养育的孩子是富足的,他们拥有能够获得成功的很多内在品质。当被问及亲密养育法带来的好处时,经常有父母告诉我们,他们的孩子富有这些品质:细心周到、足智多谋、尊老爱幼、深思熟虑。

自从女儿的世界里有了"不"的概念,我们仅仅是换个说话的语气,或者是给她一个特定的眼神,就可以成功向她传达我们的信息。因为她信任我们,也想让我们高兴。

南希有一个高需求宝宝，现在他已经是个意志坚定的四岁孩子了。南希主动告诉我们："刚开始的时候，亲密养育法费了我不少劲，让我没那么方便，但现在照顾乔纳森变得简单多了，因为管教在我们之间非常自然顺畅。我之前的投资总算开始有回报了。"

增加亲密感

亲密养育法让孩子在人群中很自在，因为他们与自己相处得很舒服。他们有兴趣去了解其他人，知道如何与家人、老朋友以及新认识的人建立恰当的联系。这种与人交往的能力可能只是保持眼神交流这么简单，他们的眼神专注而没有侵略性。他们对人际关系的深刻理解源于他们与父母的密切关系。这些与他人亲密或轻松相处的能力会让他们受益终身。

长远的收益

我们访问过的父母，尤其是妈妈，对他们使用亲密养育法有一个共同的感受："我感到对孩子投入了很多情感。"从短期来看，他们的孩子乐于助人，善解人意，非常讨人喜欢；从长远来看，他们帮孩子逐步培养起从童年到成年期都非常重要的建立健康亲密关系的能力。

如果你早早地开始采用亲密养育法，你的孩子就不用花费一生去追赶、寻求，你也同样不用。无论是现在还是将来，你的孩子会享受与他人的亲近，与他们建立合适的亲密关系，并善于让关系变得持久。你的投资不仅仅让孩子获益，也让他们的朋友、他们未来的伴侣、他们的孩子都能从中获益。

> 我的儿子就像向日葵一样，会转向发光的人。

这些年来，我们所接触过的心理学家和治疗师都告诉我们，他们的许多客户都有亲密关系的问题，他们对客户采用的治疗方案主要是重新养育自己。那些与父母之间有着牢固亲密关系的孩子，在童年时就从父母那里得到了他们所需的东西。他们从自己的第一段关系中所学到的东西最终将使他们获得更好的朋友和伴侣，因为他们学会了与人建立联系，而不是与物建立联系，他们长大后会延续这项与人相处的技能。在很多个夜晚，我看到我们两岁大的女儿萝伦依偎在玛莎身边睡觉，这么小的年纪，萝伦就拥有了一笔终生受用的财富——与人亲近的能力。

从母婴一体成长为独立的个体（这个过程被称为"个体化"或"孵化"）的过程中，学步的幼儿既有探索新环境的欲望，又希望妈妈提供安全感和满足感。与父母有着牢固亲密关系的孩子可以很好地建立平衡。在陌生的游戏场所，妈妈给了"去吧"的信息，幼儿就有信心探索和应对新的环境，等下次遇到类似的情况，他们也更有信心自己去应对，或者较少依赖看护人的帮助。妈妈在情感上持续支持孩子，孩子就会有安全感，这会帮助他们养成一个非常重要的能力——学会享受独处。

亲子合作更默契

亲密养育法教会父母和其他看护人怎样成为推动孩子发展的引导者。引导者不会告诉孩子应该做什么，而会帮助孩子学习应该做什么。父母引导孩子时，不会发号施令或者遵循自己的日程安排，而会依照孩子给出的信号。

最好的学习是自发性的，因为孩子的兴趣是由他们身边的世界所唤醒的，所以每天都会出现不少适合教育孩子的"可教时刻"，引导者要学会利用好这些时刻。孩子注意到新事物，敏锐的父母会帮助孩子去探索和成长。当一个孩子伸出小手想去摸邻居家的小狗时，敏锐的父母会抓住他的手，给他示范如何温柔地抚摸小狗。幼儿园的女儿搭的积木塔倒了，爸爸会给出一个技术上的建议，然后让女儿再去尝试。亲密养育型父母知道如何做出恰当的回应，他们知道什么时候说"是，你自己可以做到"，也知道什么时候该帮孩子一把。因为孩子信任父母，所以他们会听父母的话。

引导者善于安慰受挫的孩子。孩子在学习过程中遭遇挫折的时候，引导者会在情感上为孩子加油。同时他们能意识到，让孩子经历一些挫折，然后学会应对挫折也是非常重要的。

引导者帮助孩子更有纪律性。引导也是亲密养育型父母管教孩子的重要工具。他们在家中营造的氛围让孩子可以轻松配合，玩具存放的方式很不错，清理变得简单而有趣；帮助爸爸妈妈打打杂也很开心，孩子学会了做家务；当父母需要孩子合作，一起做郊游或睡觉的准备时，他们会温和地将孩子的注意力从游戏转向其他活动。他们之所以能成功做到这一点，是因为他们非常了解自己的孩子。最终，这些孩子将学会自律，因为他们信任父母，而父母的规矩已经成为他们的一部分。

引导者帮助孩子独立。父母处于待命状态，可以帮助孩子学会适度的独立。独立是一个向前两步、后退一步的过程。如果你非常了解你的孩子，你会预见该转向哪个方向才能跟上他们的进程。现在就学会与孩子共舞，等他们长成青少年，你遇到孩子的叛逆问题时就会有经验。

在大多数家庭中，第一顺位引导者是妈妈，当然她可能有爸爸或其他人配合。随着孩子的长大，孩子会依附更多的引导者——爷爷、奶奶、老师、教练、童子军团长以及其他重要的人。与父母有着亲密联系的孩子更容易依附其他引导者，因为父母已经帮他们培养了建立联结的能力。

孩子如果学会互相依赖，就能更好地生活，特别是能更好地处理工作上的关系。管理学顾问会说互相依赖可以提高工作效率。畅销书《高效能人士的七个习惯》的作者史蒂芬·柯维强调，互相依赖是大多数成功人士的一个重要特质。甚至两岁的孩子也能学会互相依赖："我可以自己完成，但是如果有人帮助的话，我可以完成得更好。"这让孩子学会通过寻求周围的资源和帮助为自己赋能。所以，当一个孩子请你帮忙一起做一个项目时，不要立即拒绝他，别说"你自己做可以学到更多"之类的话。想象一下，你或许正在培养未来的总裁——一个懂得如何与他人合作的领导。

促进同理心

亲密养育法能够培养出关心他人的孩子。他们接受了细致的养育，他们也因而变得敏锐。关心他人、懂得付出、学会聆听、回应他人的需求成为家庭的规范，这些品质也成为孩子的一部分。有一次，一位妈妈带她的新生儿来我的诊所做检查，她还带着三岁的女儿蒂芬妮，蒂芬妮就是用亲密养育法养大的。小宝宝一开始哭闹，蒂芬妮就会拉着妈妈的裙子恳求："妈妈，宝宝哭了，快抱起他，晃晃他，给他喂奶吧！"

我经常观察亲密养育法养大的孩子和其他小朋友一起玩耍，他们关心玩伴的需求，尊重他们的权利，因为他们一直有这样的榜样。伙伴受伤时，这些孩子会像善良的撒玛利亚人那样，冲过去帮忙。

我五岁的女儿在公园里和小伙伴们一起玩，他们都是用亲密养育法养大的孩子。女儿不小心摔了一跤，碰破了头，她很害怕，放声大哭。我将她抱到腿上，试图安抚她。这个时候，她那些伙伴，小的三岁，大的十一岁，全部放下游戏，聚到她身边，他们靠近她，摸摸她的头，拉着她的手，用充满同情的眼神看着她，还有几个孩子转身去找药膏和绷带。这个场面非常感人，与之形成鲜明对比的是邻居家的一个小姑娘，她不是这群亲密养育孩子中的一个，当时她就站在我女儿身边，脸上露出别扭的表情。不像其他孩子，她关注的是我女儿刚才到底怎么了，而不是我女儿的感觉如何。她的反应和其他孩子由衷的关心大不相同！我的女儿很幸运，身边有如此富有同理心的朋友。

◆ ◆ ◆

她非常有同情心，要是觉得谁受伤了，都会去亲亲他。

◆ ◆ ◆

我儿子十九个月大了，一天，他的小伙伴来家里玩，两个人和所有的小孩子一样争起玩具来。我儿子抢到玩具后，小伙伴哭了，我儿子就把玩具递给她，还亲了亲她。这一幕让我这个做妈妈的整颗心都膨胀了！他对其他小伙伴是多么友善！

用亲密养育法养大的孩子富有同理心，所以他们能够站在其他小朋友的立场看问题。在行动之前，他们能够想象自己的所作所为对他人产生的影响。本质上说，他们能做到三思而后行。他们也有健全的良知，能明辨是非，他们做错事的时候会感到歉疚，做对了会很高兴。和这些孩子相比，那些爱惹是生非的少年通常对自己的所作所为缺少反思。研究结果表明，这些年轻人有一个共同的特点——缺乏同理心，行事不计后果。

有一次，我看到三岁的儿子劳埃德在院子里照顾一只病恹恹的蚂蚱，蚂蚱显然快要死了。儿子坐在蚂蚱旁边，将头凑过去，几乎与蚂蚱的眼睛平行，然后对这只可怜的小虫子说："你会好的，没事的。"他一边说还一边轻抚蚂蚱的身体。这一幕让我很感动，我的孩子（还是个男孩子！）如此关爱弱小的生命，而不是去追赶或折磨它。

◆ ◆ ◆

我的儿子康纳才两岁就已经对他人表现出很强的同理心和同情心。有一次，他和他的朋友一起站在椅子上，两个人都摔了下来，康纳压在了朋友身上，他的朋友大哭起来，康纳就抱着他说："对不起，对不起。"我很少见到其他两岁的孩子能表现出对别人如此的关切，我相信他能这样，是因为他哭的时候，总能得到共情和关爱。他受到的伤害、他的疼痛、他的恐惧都被认真对待了，正因为他的情感得到了关心和照顾，他也能够关心和照顾其他人。

现代育儿法

如今，在教室里、家里都有电脑的存在，人们甚至随身携带着电脑，越来越多还在蹒跚学步的孩子通过触屏产品，就能进入即时获取娱乐和资讯的高科技时代。这是 21 世纪的快节奏科技生活，并且它不会放慢脚步，而亲密养育法会为这种高科技的快节奏生活添加一种高度接触的平衡。婴幼儿应该在接触机器之前与人建立联系，在高科技玩具占上风之前，亲密养育法就要让孩子明白人际关系的重要性。

父母的收益

亲密养育法不仅能让孩子更有机会成为敏锐、有爱和自律的孩子，同时也能让父母获益。听听下面几位使用亲密养育法的父母的分享。

亲密养育法完全改变了我的生活，现在我是一个与以前完全不同的妈妈——更加关爱孩子，更有耐心，更能专注于生活中真正重要的事情，不那么匆忙，也更有幽默感，我希望可以帮助其他人发现这种极好的育儿方式。正因为它，我和丈夫更加亲密，也都想着提供给孩子一些不一样的东西。它还引导我们选择更健康的价值观、更充实的精神生活，甚至更好的饮食习惯，它更帮助我们纠正了过去对两个大点的孩子的一些错误做法。

◆ ◆ ◆

亲密养育法让我更有洞察力。在为自己或孩子做出任何养育或治疗决定之前，我都会认真研究相关信息，因为我知道这些决定将会有长远的影响。亲密养育法也让我更加愿意付出——为孩子、丈夫和朋友。现在，我会更深入地评估自己做出的决定，考虑我的行为会对身边的人造成什么样的影响。我明白了与身边的人保持看法一致、保持合作的重要性。

◆ ◆ ◆

亲密养育法让我前所未有地更加了解生活和我自己。

◆ ◆ ◆

如果我们让宝宝生活得更好，我们的生活也会更好。

亲密养育法让全家人都变得更加温和，你会发现自己渐渐地对身边每一个人都更加关心和体贴了。

第三章

亲密养育法误区

第三章　亲密养育法误区

所有流行的育儿理念都会有人提出反对意见，亲密养育法也不例外。当亲密养育法的应用走向某种极端时，出现批评意见也很自然，但是，大多数批评来自对什么是亲密养育法以及它到底有什么作用的误解。

亲密养育法是父母在没有"专家"的指导下会自然采用的育儿方式，它之所以引起争议，是因为它的理念与某些社会潮流不符，例如，社会上一些人提出，比起父母了解宝宝的重要性，训练宝宝适应父母的生活更加重要。

一旦父母和宝宝建立起牢固的亲密关系，他们就成了孩子的专家，最有资格平衡宝宝需求与家庭需求之间的关系。所有的决定，包括是在家带孩子还是回到工作岗位（全职还是兼职）、断奶、托育以及找保姆，都必须由父母来做。我知道其中不少决定是很难做的，然而，亲密养育法很棒的一点就是，它们可以被传承下去。妈妈和宝宝之间基于生理本能的联结在宝宝最初几个月里非常重要，让人庆幸的是，母性的直觉并不仅限于初为人母的妈妈。在本书的后面章节，我们将对此详尽地进行阐述。

从批评者的角度看待亲密养育法，有助于我们来澄清什么是亲密养育，以及为什么要采用这种育儿方式。这就是为什么这一章节致力于澄清误解，而建设性的批评也能帮助实践者掌握平衡、把握分寸。我们希望本章可以帮助你做出明智的选择,让你在亲密养育实践中保持平衡。

澄清误解

亲密养育法不是一种新的育儿方式。这里没有什么新奇时髦的理念,事实上,它是一种古老的育儿方式,源于许多文化传统中对母婴照料的总结。在美国,一直到育儿顾问的出现,父母才开始不遵循宝宝的需求,转而听从各种育儿书籍中的观念。那些约束性较大的育儿方式——提倡让宝宝一直哭以免被惯坏的做法——是20世纪才开始流行起来的。

给亲密养育宝宝定时间表

"时间表"不一定是个贬义词,即使是在亲密养育法中也是如此。但是,说到"时间表",我们只是说要有一些日常规律,如果你可以聪明灵活地运用这些规律,秩序感就可以成为亲密养育的重要部分。记住,你希望给予孩子的成功法宝——不仅仅是技能和教育,还有管理时间和情绪的态度与方法。

有些日子里,你需要在预定的时间里给宝宝喂奶。例如,如果你要在9点离家赶10点的飞机,你不可能在8点55分才开始喂奶。这个时候,你长久以来对宝宝需求的关注就起作用了:你可以根据对宝宝的了解,哄他早点吃奶,通常启动宝宝熟知并信任的习惯就管用。如果宝宝习惯你坐在某张特定的椅子上喂奶,你就抱着他坐到那张椅子上喂奶。即使宝宝还没有告诉你他肚子饿了，他也会顺应暗示，填饱自己的肚子，让你腾出时间来拿出婴儿背带，带上他，整理行李，及时赶到机场。还有些夜晚，你知道宝宝需要睡觉，但他不想睡，或者你非常困，特别想睡觉，如果宝宝习惯在你用背带兜着他走路时睡觉，你可以在你想上床前，将他兜在背带里走一会儿，然后和他一起躺下，他或许就犯困了——即使这比他平时的睡觉时间早了一小时。

日常规律的线索被称为"情境事件"，定期而有预见性地使用这些事件，你就可以在需要的时候，让它们来帮助你。如果你手头要忙其他事，需要宝宝安静，你可以靠喂奶让他平静下来。"戴"着宝宝是另一种安抚方式，可以帮助宝宝处于平和的状态，让你可以从事其他重要的工作。实际上，如果你好好想一想，你会发现，不知不觉中，你已经依赖这些日常规律了。

批评亲密养育法的人常常会告诫父母，这会让宝宝控制整个家庭，每个人都不得不适应宝宝。实际情况正好相反，因为亲密养育的宝宝不会被时间束缚，父母去哪里，他就去哪里，这让父母有许多自由，他也更容易适应现代家庭生活中变幻莫测的日日夜夜。

想象你住在一座荒无人烟的小岛上，你刚刚生了孩子，身边没有育儿书、育儿顾问，也没有亲戚朋友向你灌输各种育儿建议，你会自然而然地使用亲密养育要素，而且你必须采用这些要素，才能让孩子健康活下来。亲密养育要素是以宝宝的生理需求为基础的。在本书中，我们引用了最新的研究，这些研究成果进一步证实了所有母亲都知道的事情：当妈妈和宝宝在同一步调时，一切都会很顺利。

早在我知道"亲密养育法"这个名称之前，我就开始亲密养育孩子了，对此我很高兴。

亲密养育并非娇惯宝宝。大多数父母都有类似的经历：在他们养育宝宝的过程中，有人会说对宝宝需求的积极回应一定会惯坏宝宝，或者不是说惯坏了宝宝，就是说被宝宝控制了。其实亲密养育并不是有求必应。我们强调，父母应该对宝宝的需求做出恰当的回应，这也意味着父母知道什么时候说可以，什么时候说不。有的时候，父母热切地盼望孩子得到所有他们需要的东西，这样满足孩子所有的欲望，有百害而无一益。父母必须学会辨别孩子的需求和孩子的欲望。

在最初六个月里，父母不需要费力分辨宝宝的需求和欲望有什么不同，在这几个月里，宝宝的欲望就是宝宝的需求，而父母始终如一地正面反馈会让宝宝感到被信任，从而在今后的生活中，当宝宝开始想要需求以外的东西时，也会更加容易去接受"不"的结果。如果你在最初几个月里对宝宝的需求积极回应，学会了解宝宝，那么你也会在将来有很好的判断力，知道在适当的时候对宝宝说"不"（请见第二章"宝宝表现更好"一节中关于亲密养育法如何让管教孩子更容易的讨论）。

亲密养育法并非完全以孩子为中心。合理的育儿方式尊重所有家庭成员的需求，而不仅仅是孩子的需求。当然，在最初几个月的高强度育儿期，宝宝的需求必须排在第一位，因为宝宝毕竟还是个婴儿，认知能力还有待发展，不知道等待为何物。但是，如果妈妈忽视自己的需求，她就不能很好地照顾宝宝的需求。亲密养育法要求妈妈们在最初几个月里将注意力集中在宝宝身上，这样可以培养她们做妈妈的信心。同时，亲密养育法还强调，照顾妈妈也是其他家庭成员照顾宝宝的一种方式。当父母与宝宝建立起健康的亲密关系后，他们应当学会识别和平衡宝宝的需求、妈妈的需求以及家里其他人的需求。我们经常将亲密养育法描述成以家庭为中心的育儿方式，学会平衡每位家庭成员的需求也会帮父母成为成熟的父母，同时让整个家庭运作得更好。如果宝宝茁壮成长，但妈妈却因为得不到她所需的帮助累得精疲力竭，就必须要做出改变才行。

亲密养育型父母关注自己的孩子，但也不应当忽略自己的需求。如果妈妈们（或爸爸们）精疲力竭，不好好照顾自己，他们也不能掌握平衡的亲子关系。

如果你什么事都帮一个孩子做，你传递给他的信息就是你不信任他可以自己照顾好自己。父母占有欲强，或者因溺爱而让孩子处处受制，对孩子来说是不公平的，因为这助长了孩子对父母的过度依赖。记住，亲密养育法的关键词是"回应"，当你溺爱孩子时，孩子就没有机会给你暗示，而这些暗示可以激发你们互动，也让你能够回应孩子。随着你和孩子共同成长，你会找到帮助他和让他自己来之间的平衡。例如，你回应七个月大的宝宝的哭声不需要像对七天大的宝宝那样迅速。等到宝宝七个月大的时候，你已经知道什么样的哭声需要你快速做出回应，而什么样的哭声不需要你很快回应，宝宝也许自己就可以解决问题。

我对女儿采用了亲密养育法，当她想要很多东西的时候，我可以很轻松地对她说"不"，因为我知道，我已经为她付出了许多。

亲密养育不是放任式育儿。纵容型的父母会说，怎么都行，孩子想做的事肯定都是对的。亲密养育法不是放纵宝宝的育儿方式，亲密养育型父母不会耸耸肩，任他们的孩子"为所欲为"，他们会塑造孩子的行为，鼓励正确的行为，让孩子表现得更好。对于孩子的问题，他们会很快地干预，温和地纠正。举个例子，如果你家的学步幼儿好奇心强，打开了厨房里所有的抽屉，看看里面放了什么东西，你可以把他的玩具抽屉给他玩，引导他的行为，让他明白他可以碰什么东西，而不是像一些控制型父母所建议的那样，当孩子靠近不让碰的东西时，拍一下他碰东西的手。

塑造行为与控制行为不一样。批评亲密养育法放纵孩子的人认为，父母应该控制孩子，而不是用其他方法。这话听起来挺有道理，这也是提倡训练孩子的育儿书籍和课程的一大卖点。这种想法的问题在于，父母害怕孩子成为控制方，父母和孩子之间很容易就会建立起敌对关系：孩子是来操纵你的，所以你最好先发制人，这就让父母和孩子之间变得疏远，甚至永远都不可能建立真正的联结和信任。

对控制问题的澄清

当孩子因为肚子饿或难过而哭泣时，他们想要的是安抚，而不是被控制。将交流与控制相混淆，源自以前育儿专家的建议，他们认为父母要按照行为纠正模式来养育孩子，即孩子表现"好"就奖赏，表现"不好"就拒绝。这种模式可以配合严格的吃奶、睡觉，甚至玩耍的时间表。但问题在于，这些专家不明白孩子的特点，所以他们提出的科学育儿法并不是建立在科学基础上的。

父母与孩子之间不是争夺控制权的关系，真正的关系在于信任和交流。有需要的孩子向他所信任的人发出信号，进行交流，照料者做出回应，加深了彼此的互动。父母通过回应，让孩子学会了信任，最终让父母更容易管教孩子。比起行为纠正，以信任为基础的管教显得更好。当你的孩子信任你，你就可以采用温和而细致的方式来引导他的行为。例如，因为亲密养育型父母与孩子亲密，也很了解孩子，并且他们的雷达也一直关注孩子的行为，这就可以在学步幼儿顽皮捣蛋之前，立即想出某种方法，来引导他们去做更加合适的事情。

亲密养育法并非让妈妈做出牺牲。不要将亲密养育法想成孩子一拉绳子，妈妈就要立即跳起来。实际上，由于亲密养育法让父母与孩子建立了相互信任的关系，妈妈对孩子的需求做出回应的时间，会随着孩子自控能力的加强而逐渐延长。到那个时候，妈妈只要在紧急情况下做出回应就可以了。不可否认，得不到帮助的妈妈会因为连续不停地照顾孩子，而感到自己受到了限制。妈妈是需要中途休息的，在亲密养育的家庭里，爸爸和其他可信任的看护人分担照顾孩子的工作尤其重要。对亲密养育型妈妈来说，受限制的感觉并不如想象的那么严重。她会感到自己与孩子紧密相连，而不是被孩子所束缚。

尽管你享受和孩子在一起的时光，你也不一定愿意一直待在家里。记住，亲密养育能够让孩子更加温和，这样你就可以方便地带着孩子出门。亲密养育法还能使你更有洞察力，知道什么时候可以让什么人来照看你的孩子，并不需要为了孩子把自己局限在屋子里，过着只有孩子的生活。

妈妈和孩子对彼此都很敏感，这使得妈妈可以在照顾孩子的同时，处理很多其他的事。亲密养育让妈妈很容易了解孩子，也信任自己对孩子的直觉，所以即使在父母需求和孩子需求有所冲突的时候，也可以暂时将注意力放在工作、项目或其他孩子上，然后再转向他。亲密养育型妈妈可以在应付一大堆事情的同时，依然知道什么时候该低头看看背带里的宝宝，给他一个宽慰的笑容。

亲密养育法并不难。亲密养育法听起来好像是一项巨大的付出行动，需要你付出很多。初为人父/母的你可能会觉得：孩子是索取者，父母是给予者。然而，你为孩子付出越多，孩子的回报也会越多，你会越来越享受和孩子在一起的生活。记住，孩子在育儿游戏中，并不只是一个被动的参与者，他积极地改变着你的态度，也回报着你为他提供的无微不至的照顾，还帮你成为精明的父母。

在亲密养育的家庭里，孩子和父母相互影响。其中一个例子就是你和孩子如何学会彼此对话。孩子早期的语言是由哭声、面部表情和动作组成的，要和孩子进行交流，你必须学会使用非话语的表达方式。你会变得更有直觉，并且学会从孩子的角度看问题。然而，在你掌握孩子语言的同时，孩子也在学习家庭的语言。你们两人帮助对方发展了过去没有的沟通技能，你们都付出了，也都得到了回报。

从长远来看，亲密养育法实际上是最简单的育儿方式。育儿的难处在于你感到自己不知道孩子想要什么，或者好像自己不能给孩子提供所需要的。如果你知道自己非常了解孩子，对你们之间的关系也很有把握，育儿过程就不会有太多的挫折。的确，了解孩子并且回应孩子的暗示，需要你非常有耐心和体力，特别是在最初的三个月里。但是这一切都是值得的，因为读懂孩子、回应孩子的能力会延续到孩子童年、青少年，那时候你能够从孩子的角度看问题，也更容易理解和影响孩子的行为。一旦你真正了解自己的孩子后，各个年龄段的育儿都会变得简单。

亲密养育法并不死板。相反，亲密养育法提供很多选择，非常灵活。它不是条条框框，不是"以后不许这样做"或"每次都要这样做"。亲密养育型妈妈会谈到她和孩子之间的互动——一种思想和情感的流动，它帮助妈妈在面对日常育儿抉择时，在正确的时间做出正确的选择。你不需要遵循条条框框，只要弄清形势，做出回应即可。

亲密养育法并不会惯坏宝宝。新手父母会问："总抱着宝宝，回应他的哭声，按照他的需求喂奶甚至和他一起睡觉，难道不会惯坏宝宝吗？"或者，他们会问这种育儿方式会不会养出一个过分娇纵的孩子。我们的回答很坚决：不会！实际上，经验和研究成果都表明，情况恰恰相反。一个孩子如果可以预见并信任父母会满足他的需求，他就不需要哭哭啼啼，也不需要担心如何让父母满足他的需求。而几年之后，如果父母过分娇惯或纵容，孩子被惯坏，这表明父母没有设定限制和界限的能力。

惯坏宝宝的理论看起来是有科学依据的，在20世纪初期推广这一理论的育儿"专家"眼里，它是符合逻辑的。他们认为，如果你对一个哭泣的宝宝做出回应，将他抱起来，他会哭得更厉害，这样你就会抱他更多。而事实证明，人类的行为比这要复杂一些。如果你大多数时候都将一个刚出生的宝宝抱在怀里，等你把他放进婴儿床的时候，他也许会抗议。这个宝宝学会了如何让自己感觉良好，当他需要你帮他找回那种感觉时，他会让你知道。但从长远看，他内心的良好感觉会让他较少使用哭声来吸引你的注意力。

> • **亲密小贴士**
>
> 　　亲密养育法意味着你能恰当地回应宝宝，惯坏宝宝是不恰当回应宝宝所造成的。

亲密养育法不会养出依赖型宝宝。控制型父母，还有"盘旋式母亲"由于自己的担忧和不安全感，一直在孩子周围忙里忙外，为孩子做所有的事情。这种情况下，孩子会变得依赖性过强，因为他们没有机会做自己该做的事。亲密养育型妈妈知道什么时候可以让孩子努力奋争，或经历一些挫折，这样他们才能成长。这就是为什么我们不断地强调平衡的育儿方式。亲密养育促进发展，长久的依赖阻碍发展（请见第211页"亲密与羁绊"）。

亲密养育法不是溺爱宝宝。在某些情形下，例如，对于久盼得来的孩子、老来得子、好不容易怀上的孩子或者是有特殊需求的孩子，父母会变得过于保护和溺爱。他们为孩子倾注了太多心血，以至于难以将孩子的需求和快乐与自己的需求和快乐区分开来。这会影响孩子的情感发育。更健康的做法是让亲密养育保持平衡状态，但同时，不要害怕与孩子走得太近。（你给孩子的爱怎么会嫌太多呢？）

亲密养育法并不怪异。不要相信亲密养育法是这世上母亲回归自然的狂热举动。在我的诊所里，我看到各种不同类型的妈妈都成功地实施了亲密养育法，包括那些青少年的单亲妈妈和高管妈妈。真实的情况就是，亲密养育法会渗透到你生活的其他角落，你会因此变得更有见识，对社会问题和家庭生活方式的选择也更有洞察力。

亲密养育法并不极端。或许因为需要治病或者工作，你不能全部使用亲密养育的七要素，但这并不意味着你不是亲密养育型妈妈。尽可能多地用上些养育要素，那也是宝宝对你的最大期望了。

亲密养育法不仅仅适用于妈妈。如果爸爸也积极参与到养育当中，亲密养育法的效果会更好，因为爸爸能给育儿带来新的视角。许多亲密养育型妈妈为宝宝付出太多，会忘记照顾自己。有一天玛莎抱怨："我都没时间洗澡，我的宝宝太需要我了。"很明显，这时候该我挺身而出了，我要确保我妻子有属于自己的时间。那天，我在浴室镜子上挂了一个提示条："每天都要提醒自己，我们的宝宝最需要的是一个心情愉快、内心安宁的妈妈。"

亲密养育迷思

误解：亲密养育法要求妈妈全职在家带孩子。

事实：根本不是这样，亲密养育法对于在外上班的妈妈更加重要。

在第十一章中你将了解到，上班族妈妈更应该采用亲密养育法。亲密养育要素帮助妈妈在白天和宝宝分开的情况下，也能维持亲密关系。当你和宝宝分开时，你肯定会更有意识地与宝宝建立联系，而亲密养育要素中的母乳喂养、信任宝宝的"哭泣信号"、"戴"着宝宝以及亲子同睡，都将对你有所帮助。

误解：亲密养育法可能会使宝宝变得黏人、依赖。

事实：亲密养育法会让宝宝变得更加独立，不太黏人。

反对亲密养育法的人认为，宝宝如果一直被抱着，一有需求妈妈就喂奶，和父母睡在一起，就会变得特别黏人，永远也不想离开妈妈的怀抱。然而，根据我们的经验，亲密养育法养育的宝宝依赖性并不强，这也得到了科学研究的证实。

独立自主是典型的美国梦，美国的父母都希望他们的孩子长大后可以独立自主、自给自足。但是，你并不能迫使一个孩子独立自主，孩子会在适当的时间自然变得独立。如果你想知道这是如何发生的，你必须了解婴儿情感发展的规律，以及孩子作为独立的个体是如何感知自己的。

新生儿不知道自己是个单独的个体，他们并不能真正明白自己是谁，也不知道生活在这个世界的意义，他们只是知道和妈妈在一起时感觉特别好。对于其他熟悉的照料者，如爸爸、奶奶或保姆，他们也会感觉不错，但是亲密养育型宝宝知道，他们不是与任何人在一起时都会感觉同样良好。一些敏感的宝宝会非常明确地表示，只有妈妈才可以，至少在某些特定情况下是这样。

此外，宝宝在九到十二个月大之前，也不知道"**人的恒常性**"这一概念。他们不知道人和事物在其看不见的时候也是继续存在的，所以当妈妈走开时，宝宝会感到那个让他们感觉良好的人完全消失了，见不到了。宝宝不能以脑海中的妈妈形象来宽慰自己，而且他们也没有时间概念，所以"妈妈过一小时就回来"之类的话对他们来说毫无意义。如果妈妈开始上班后，有个新的照料者来照顾宝宝，他们就必须学会转移他们的依恋，这对有些宝宝来说是很难的。当宝宝十二个月到十八个月大时，见不到就不再意味着想不到了，即使妈妈去了城市的另一端，他们也可以重建妈妈的心理画像。

因为宝宝发育的局限性，当妈妈不在身边时，他们会感到分离焦虑。几乎所有的宝宝，无论与妈妈建立起牢固亲密关系与否，都会经历不同程度的分离焦虑。妈妈如果采用亲密养育法，宝宝在妈妈离开时的抗议可能会更加强烈，也可能会高兴地接受另一个照料者替代妈妈的位置。积极的抗议实际上反映了宝宝对那种良好感觉很习惯，因为宝宝习惯了自己给出的信号能被看见，所以当他们感到糟糕时，会传递信号让妈妈知道。这就需要替代妈妈的照料者对他们的暗示足够敏感，并抚慰他们平静下来。

宝宝在出生第一年里的依赖性对他将来的独立性有着重大的影响。反对亲密养育法的人好像不了解这一点，但是儿童生长发育方面的专家非常明白。在第一年里，当宝宝需要熟悉的看护人帮助他们适应时，他们懂得了在大多数时间里那种舒适的感觉是什么。在第二年，随着思考能力进一步成熟，他们也就能在妈妈或看护人不在身边时，在脑海里塑造他们的形象，让自己重获那种感觉。宝宝早期和妈妈建立的关系越亲密，在准备好离开妈妈时就会感到越安全。这种安全感建立在不断增强的"妈妈会回来"的信念之上，这让学步幼儿更有能力忍受和妈妈的分离。

观察一个学步幼儿如何探索新环境，你会看到独立性是如何发展的。他勇敢地去冒险，但隔一段时间又会看看妈妈的反应，也许只是回头看看妈妈，或者是要求妈妈给他点口头上的指导或肯定。妈妈笑着说"可以"，他就会继续探索。如果他走向危险，妈妈说"不行"或"停下"，或者只是皱皱眉，他都会退缩不前。宝宝和妈妈之间的距离像是根橡皮筋，可以拉伸和收缩。稍大一些的宝宝会走得更远，甚至离开妈妈的视线范围，但他心里会对自己说"不行，不行"，这是他心里的母亲大声喊出来的话。

在陌生的环境中，妈妈一句"去吧"，为宝宝带来满满的信心，或许还是积极的信号。下次宝宝碰见类似的环境，就会回想起妈妈上次是如何鼓励的，这次他不用妈妈的帮助，就可以自己应对了。妈妈或其他看护人持续的情感支持能让孩子学会信任，先是信任看护人，然后是信任自己。学会信任自己有利于培养非常重要的独立能力——**独处的能力**。

宝宝、学步幼儿和上幼儿园的小朋友从完全依赖走向独立的步伐，差异非常大。他们与妈妈的亲密程度，以及自身的个性都会对这个发展过程产生影响。举个例子，个性外向的幼儿对于妈妈离开的焦虑会少些，他们会将亲密关系中的良好感觉带进他们的探索之旅。

与父母亲密关系不够牢固的学步幼儿会采用一些策略拖住父母，以确定父母会在自己需要的时候出现在身边，或者他们会花很多精力来应对自己的焦虑。如果孩子总是考虑如何让妈妈留在身边，就会影响他们独立性的发展，也会影响他们学习其他重要的技能。研究结果表明，在开始阶段与妈妈建立起牢固的亲密关系，孩子在长大一些后就能更好地忍受和妈妈的分离。重申一遍：**一个孩子必须经历健康的依赖，才能在长大后变得更加独立。**

误解：亲密养育法只对某种类型的妈妈适用。

事实：实际上，实施亲密养育法的妈妈并没有固定的类型，各种类型的父母会出于各种各样的原因选择这种育儿方式。下面是我们所见过的父母"类型"。

我们将有些妈妈称为"听从直觉型妈妈",她们实践亲密养育法,是因为感觉这种方式是对的。

让宝宝一直哭,我的内心会有撕裂的感觉。

> **科学研究表明:**
> **早期的亲密关系有助于孩子今后的独立**
>
> 约翰斯·霍普金斯大学的研究人员西尔维娅·贝尔博士与玛丽·安斯沃斯博士研究了与父母亲密程度不同的宝宝。长期研究结果表明:那些与父母亲密关系最牢固的宝宝后来最为独立。研究人员还研究了育儿方式对孩子后来的发展所起的作用,结果可以简单地概括为,溺爱理论完全是无稽之谈。

接下来,还有"逻辑型妈妈"。

我觉得这种育儿方式很有道理,在他们小的时候听他们的,等他们长大了,他们就会听你的。

还有就是"研究型妈妈",她们是日益增多的晚生晚育妈妈中的一部分。

医生,我们可是做了许多研究后,才生了这个宝宝。我们等了很长时间,读过许多育儿理论,从中选择了亲密养育法。

"特殊情况型父母"几乎都会实施亲密养育法。这些父母有可能不孕不育，花了很多精力，好不容易才怀上孩子，也有可能这些父母的孩子特殊，例如，发育迟缓或有残疾。

我们努力了很久，才有了这个宝宝，我们肯定会竭尽全力让宝宝发育得最好。

"收养型父母"认为亲密养育法很有吸引力，因为生理上的亲近让他们的直觉迅速启动，与宝宝建立亲密关系，弥补因为没有怀孕而错过的亲密。

我相信亲密养育法会帮助我更加了解我们收养的宝宝，也希望能弥补因为不是生母而错过的血缘关联。

我们称较少采用亲密养育法的父母是"计划型父母"，他们喜欢自己的生活井然有序，想训练自己的宝宝适应他们安排好的生活。这些宝宝按照时间表吃奶，早早地被训练睡整夜觉，常常被定时放在婴儿摇篮或婴儿床里。如果母乳喂养，这些宝宝会较早断奶，很少被按需喂奶。有些宝宝个性温和，至少在表面上能接受这种有距离感的育儿方式；个性较强的宝宝会坚持抗拒这种低标准的照料，直至条件改善，或者他们放弃抗议，结果很少有机会发育到最好的程度。

误解： 亲密养育法不能帮孩子适应现实世界。

事实： 批评亲密养育法没有让孩子做好应对现代世界的准备，这反映的不是育儿方式的问题，而是整个世界的问题。

这种高接触式的育儿方式与高科技世界相辅相成，而不是相互竞争。对孩子来说，在进入科技时代之前，培养一些敏感性是很重要的。

你养育孩子是为了提高他们生活的能力，而不是让他们待在自己的小世界里。"真实的世界"只有各个部分关联成整体时才会好，而父母和孩子构成了世界的各个部分。

误解：如果你不采用亲密养育法，你就是个坏妈妈。

事实：无稽之谈。亲密养育法只是让你与宝宝建立联系，不是让你完成一系列要求，来赢得"好妈妈"的奖章。

你的生活环境也许不允许你践行所有的亲密养育要素，或者你就是不想用某些要素。例如，如果你不和宝宝一起睡，肯定不会因此就变成"坏妈妈"。有许多宝宝和他们的妈妈睡在不同房间也不影响他们茁壮成长，建立美好的亲子关系。要将亲密养育要素看作你育儿风格的起点，采用适合你和你家庭的，去除那些不合适的。随着你和宝宝开始了解对方，你会创建自己的亲密工具箱——那些帮助你与宝宝建立联结的方法。尽可能与宝宝建立联结，你只需要尽力就好，宝宝不会将你与其他妈妈做比较，对宝宝而言，你就是最好的妈妈。

第四章

从分娩开始的
亲密纽带

第四章　从分娩开始的亲密纽带

父母爱自己的孩子，这是毋庸置疑的，但是，这种爱从何而来？是什么让这种爱如此强烈？这种爱又是何时产生的呢？对于这些问题，答案除了"这是天生的"以外，似乎很难做出更多解释。但事实上，在妈妈和宝宝之间（爸爸和宝宝之间），爱并不是偶然的。我们知道，妈妈在学习爱宝宝的过程中，有很大一部分情感来自血缘，母婴的血缘基础注定了彼此能产生美好的情感，这有助于爱的生长。

我们使用两个词来形容婴儿与父母之间日渐增强的爱——"亲密纽带"与"亲密关系"。"亲密纽带"表示父母与宝宝在最初相互了解的方式，特别是宝宝刚出生的几小时里。"亲密关系"则是从怀孕期开始的，是宝宝出生后得到强化，并随着宝宝成长而继续下去的照料关系。

分娩时的纽带

马歇尔·克劳斯博士与约翰·肯耐尔博士在 1976 年所写的经典著作 Bonding: The Beginnings of Parent-Infant Attachment（《亲密纽带：亲子关系之开始》）一书中，探讨了"亲密纽带"这一概念。他们提出，人类和其他动物一样，在妈妈刚刚分娩后有一段"敏感期"，在这一时期，妈妈和新生儿都能从彼此的接触中建立联结。这两位学者和其他一些学者的研究成果表明，妈妈与宝宝早期的接触会影响她们照顾宝宝的方式。那些在分娩后几小时和几天里有大量时间和宝宝在一起的妈妈，会有较长的母乳喂养期，能够更快地对宝宝的哭声做出回应，也会感到与宝宝更亲密。当然，人类的这些育儿行为并不仅仅是分娩时的"亲密纽带"带来的，它们受到很多因素的影响，包括妈妈的选择及信念。然而，采用这种育儿方式的父母确实感到与宝宝很亲近，他们通过立即与刚出生的宝宝在一起，获得了生物联结层面的推动。

奇迹是这样发生的：妈妈怀孕时，身体内部会发生生化变化，这预示着一个新生命的存在，也标志着亲密关系的开始。妈妈的重心开始朝向自己，她密切关注自己体内孕育的新生命，也关注着自己身心的变化。爸爸也计划着小宝宝的到来，但是与妈妈的方式有所不同。爸爸往往会注重为孩子提供经济上的保障，为孩子树立榜样，为孩子的妈妈提供支持。虽然孩子还没出世，但妈妈和爸爸已经越来越亲近孩子了。

然后，分娩拉开了序幕，在诸多身体、情感上的努力之后，爸爸妈妈小心翼翼地将他们的新生儿抱在了怀里。这一刻是他们期盼已久的，拥有孩子的梦想突然变为现实，子宫里的胎动、仪器里传来的胎音，如今都转变成一个真真实实的小人儿。

端详和触摸新生儿的经验是非常宝贵的。此时，你对子宫里胎儿的爱转变为对怀中婴儿的关爱。在里面，你用身体和血液孕育他；在外面，你把乳汁、眼神、双手、话语——你全部的身心都给予他。而宝宝也会热切地凝视着你，仿佛在说："我知道你是我生命中最重要的人。"怀孕期开始的亲密关系发展为爱，这确保了宝宝获得生存和成长所需的照料和保护。

父母与宝宝第一次见面时，带着许多爱和期盼，而宝宝也为这次见面准备了一些东西。所有的宝宝天生就具有一些被称为"亲密关系促进行为"的特质——可以提醒照料者注意自己的存在，并像磁铁一样，吸引着照料者靠近自己。这些特质包括又大又圆的眼睛、有穿透力的凝视、柔软的肌肤、奇妙的婴儿体香，还有最重要的——早期的语言，即哭声和在哭之前发出的声音。只要条件允许，宝宝会将这些特质发挥得淋漓尽致，几乎可以让身边的每个人都爱上他。"亲密关系促进行为"是宝宝的亲密工具箱，宝宝借助这些工具让妈妈留在自己身边。

当你在为宝宝的出生做计划时，或者当你在宝宝出生后回想那些时刻时，要明白非常重要的一点：与宝宝的"亲密纽带"并非一个全或无的状态，并不是只能在宝宝出生后的那一小时里建立。不是说你在宝宝出生后立即抱他入怀，就是建立"亲密纽带"了，没有抱宝宝，就没有建立。"亲密纽带"不像超级快速强力胶，在某个关键时刻，双方互相接触就能黏在一起了。亲子关系并非一朝一夕之功，而是日积月累建立起来的，建立的过程也因人而异。有时候，医疗并发症不允许母婴在分娩后立刻在一起；也有时候，妈妈因生产时体力过度消耗，不能长时间地抱着宝宝。有一次，我作为主治医生，目睹了一位妈妈历时很长、极度困难的生产过程，这位妈妈在产后对我说："让我先洗个澡，睡一会儿，然后再跟宝宝亲密接触。"

亲密纽带的八个小贴士

除非出于医疗方面的原因，宝宝一出生就不得不和妈妈隔离，否则，应该鼓励妈妈、爸爸和宝宝一家三口在最初的几小时里团聚在一起，享受天伦之乐。在这个时段，出于天性，妈妈和宝宝都尤其乐于接受对方，在第一次见面时为彼此做美好的事。不必要的医疗检查、可以稍晚再来的医务人员都不应该侵占这个特殊的时段。父母和宝宝如何开始相处，为将来他们如何互相了解奠定了基础。一家三口聚在一起，并不只是形式上的——这是新家庭良好开端的重要组成部分。

关于如何与宝宝建立亲密纽带，你肯定不需要我们提供详细指导（你自己知道该如何进行）。这里，我们提供一些小贴士，帮助你了解并享受与宝宝的第一次见面。有些小贴士提供的建议，需要事先与医生或产房护理人员协商好。

1. 宝宝出生后立即贴身抱着他。

新生儿刚出生时的需求与你刚生产后的需求差不多——平和、安静、温暖、爱人的怀抱。请人将宝宝放在你身旁，皮肤紧贴着你的皮肤，头偎依在你的胸前，在宝宝的背部和头部盖上一条保暖的毛巾。这样做不光是出于心理学的考虑，对于宝宝的身体也是益处多多。新生儿很容易受凉，而让新生儿贴在妈妈胸前，肚子对着妈妈的肚子，脸颊对着妈妈的胸，妈妈的体温会给新生儿带来天然的温暖，比起医院里的婴儿保温设备也毫不逊色。肌肤之亲也能够安抚新生儿，妈妈呼吸时胸膛的轻微起伏、有节奏的心跳声，都是新生儿早在子宫里就熟悉的，所以能够缓解新生儿的焦虑。

2. 注意宝宝安静的警觉状态。

如果第一次见面时，宝宝比较安静，你不用感到奇怪。在出生后的几分钟内，新生儿会进入一种安静的警觉状态。研究人员发现，在这种状态下，宝宝最能够与周围的环境进行互动。这就好像宝宝完全被自己所见到的、听到的、感觉到的吸引了，不愿将精力浪费在身体的动作上。这时候，宝宝会看着妈妈的眼睛，依偎在妈妈的胸前，享受着妈妈的声音、温暖肌肤带来的触感、味道，以及乳汁的滋味。出生仅仅几分钟，宝宝就开始意识到自己属于谁了。

> **• 亲密小贴士**
>
> 不要因为现代科技而失去与新生儿抚触的机会。

宝宝这种安静的警觉状态只会持续一小时左右，随后，就会满足地进入梦乡。在之后的日子里，你还会见到宝宝的这种状态，但是时间都会比较短暂。这也是为什么要充分利用刚出生的这一小时，让宝宝和父母待在一起，而不是让他们躺在婴儿房里的塑料育婴箱里，与箱壁建立亲密纽带的原因。

3. 触摸宝宝。

温柔地抚摸你的宝宝，抚遍他们的全身。通过观察，我们发现妈妈和爸爸触摸新生儿的方式是不同的：妈妈会用指尖温柔地抚遍宝宝的全身；而爸爸往往会将自己的一只手放在宝宝的头上，就好像以此承诺对宝宝的保护。刚开始时，父母的触摸常常是试探性的，慢慢才会变得自信起来。

抚摸宝宝的感觉很好，同时也起到治疗的作用。人体最大的器官就是皮肤，上面有许多神经末梢。在宝宝来到这个世界的关键转折期里，他们的呼吸模式往往非常不规律，而父母的抚摸可以刺激刚出生的宝宝呼吸更有节律。你的触摸有治疗效果。

4. 凝视宝宝。

新生儿的最佳可视距离为10英寸[1]，碰巧也是妈妈乳头与眼睛之间的大概距离。当妈妈看着宝宝时，往往会斜侧着头，与宝宝头的方向保持一致，这样他们的眼神就可以在同一个几何平面上交汇。

有些宝宝在刚出生的一小时里，眼睛会睁得大大的（只要光线不是太强烈），就好像希望与新世界建立联系一样。大人会难以抗拒宝宝持久的凝视——即使父母之外的大人也不例外！盯着一个宝宝的眼睛，父母会觉得永远不想与这个小家伙分开。你可是费尽千辛万苦才把他带到世界上来的。

克劳斯与肯耐尔在 *Bonding*（《亲密纽带》）一书中讲述了一个奇妙的故事：医学院的女学生协助研究新生儿的凝视，本来她们之中没有一个人计划很快要孩子，但等到研究项目结束时，所有的女学生都在计划生孩子，并且每天下午都会来探视她们的研究对象。

5. 和宝宝说话。

研究结果表明，新生儿很早就能将妈妈的声音与其他人的声音区分开来。宝宝也能认出爸爸和兄弟姐妹的声音。在出生后的几小时或几天里，妈妈和宝宝之间会展开自然的交流，妈妈的声音安抚宝宝，帮助宝

1　1英寸=2.54厘米。

宝在这个世界里感到舒适。妈妈与宝宝说话时，会调整音高和说话的节奏，使用一种高亢、起伏的语言，有时被称为"母亲话语"。宝宝，甚至是刚出生的宝宝，会跟随着妈妈声音的节奏扭动身体，这种现象说明人类天生就会使用语言。

6. 推迟常规的步骤。

通常情况下，助产护士会先进行一系列常规流程，例如，给宝宝量身高和体重，清洗宝宝，给宝宝提供维生素K，在宝宝眼睛里涂药膏等，然后才会将宝宝交给妈妈。事实上，这个顺序颠倒了。最好事先就要求护士将这些常规步骤推迟一小时左右，等你和小宝宝享受过最初的亲密时光之后再进行。同时，请护士在你的病房里完成这些流程，这样你和宝宝就不用分开了。和宝宝在一起往往要比这些常规流程重要得多。你可以想象在这第一次见面中，宝宝明白了一件非常重要的事：压力之后就会有安抚，宝宝学到了生长发育过程中最有价值的一课，那就是可以信任自己周围的环境。

7. 分娩后一小时内哺乳。

宝宝接触妈妈的乳头，可以引发妈妈的母性行为，确保宝宝会受到妈妈的保护和照顾。宝宝吸吮、舔舐乳头，会刺激妈妈体内催产素的分泌并进入血液。催产素促进子宫收缩，减少产后出血，还能让妈妈产生愉悦的感觉。大多数宝宝在衔乳之前，都会用一些时间寻找妈妈的乳头，用鼻子摩擦并尝试舔舐妈妈的乳头。研究人员拍摄的新生儿影片中，那些顺产而且刚出生就贴在妈妈肚子上的宝宝能够自己一点点地向妈妈胸部挪动，探索妈妈的乳房，在出生后四十分钟内就能够含住妈妈的乳头。

宝宝的首次吸吮应该发生在妈妈的胸前。吸吮人造乳头——无论是安抚奶嘴，还是装着水或配方奶的奶瓶嘴——所用的吸吮动作与吸吮妈妈乳头的动作是不一样的。新生儿需要尽早开始并且频繁地吸吮妈妈的乳头，以便根据本能学会正确的吸吮方式，而最初几次哺乳是非常重要的。

8. 要求私人空间。

分娩后的第一个小时，应该是爸爸妈妈专注于小宝宝的安静时光。在这段时间里尽量不受外人打扰，不要让忙碌的医护人员在身边分散了你对宝宝的注意力。至于给亲友打电话，之后有的是时间。

同室育婴：分娩后继续亲密

对父母与新生儿亲密过程的研究，促使当今的医院及妇产中心在制定政策时，更为家庭着想。医护人员会将新生儿抱出婴儿房，让母婴同处一室。这种做法是合理的，就如怀孕期间，妈妈和宝宝被当作一个单位来照顾一样，虽然分娩使他们分开，但那只是身体上的，宝宝出生后仍然与妈妈有一体性，依靠妈妈提供的乳汁和安抚；妈妈也仍然觉得宝宝是她的一部分，她需要宝宝一直在自己身边，确保宝宝是安全的、快乐的。

如果可能的话，应该让妈妈而非医护人员成为新生儿的主要看护人。妈妈如果一开始就通过照看而了解宝宝，就会对自己做妈妈的能力更有信心。对于剖宫产的新生儿，大多数医院会在新生儿各方面情况稳定后，允许母婴同室，但需要有他人协助妈妈照看新生儿。在医院里，母婴同室的好处就是医护人员既可以照看妈妈，也可以随时为妈妈提供照顾宝宝所需的帮助。

除非有特殊的病症，否则我们鼓励母婴自分娩那一刻起，直到出院都待在一起。全程母婴同室会让妈妈有机会发挥母性本能，在这段时间里，体内的激素使妈妈特别容易接收宝宝的需求和暗示。同室的母婴可以享受到以下诸多好处。

与患病新生儿或早产儿建立亲密纽带

加护病房里的新生儿，还有他们的父母，也非常需要亲密养育法，但养育过程往往因为医疗设备或者父母本身的担忧而容易受到干扰。在过去几十年里，医学的发展已经可以使早产儿和那些有健康问题的新生儿存活并且发育良好，但是当被这些先进科技包围，做父母的很容易感觉自己被取代了，与宝宝疏远了。其实，父母是照顾患病新生儿医疗小组里非常重要的成员，早在宝宝可以出院之前，父母的关爱与亲手照顾都可以极大地促进宝宝的健康和生长发育。亲密养育法的两大要素——母乳喂养和"戴"着宝宝——对这些有特殊情况的婴儿来说格外重要。

母乳的健康功效对小小的早产儿来说有着神奇的价值，吃母乳的宝宝受到病毒感染的概率会低得多，母乳为宝宝提供的免疫保护是任何特殊的早产儿配方奶都无法比拟的。母乳对婴儿尚未发育成熟的消化系统刺激性小，而且母乳中含有脂肪分解酵素，可以帮助婴儿消化脂肪，婴儿由此从母乳中得到更多能量。研究表明，早产儿的妈妈分泌的乳汁中，蛋白质、脂肪及其他营养成分含量都更高，这些营养成分都是婴儿快快生长所需要的。为早产儿泵奶要求妈妈做出很大的努力，但是她们给予宝宝的是其他人无法提供的。同时，在宝宝自己准备吃母乳之前就泵出母乳让宝宝吃，也可以帮助妈妈感受与宝宝的亲近感，让妈妈觉得自己对宝宝很重要。

"戴"着宝宝这一行为在新生儿保育室里有个特殊的名称——一个深情的术语——袋鼠式哺育法，指的是袋鼠妈妈将发育早期的袋鼠宝宝带在身上的方式。在袋鼠式哺育法中，只穿着尿布的宝宝被贴身抱于妈妈两乳之间，肌肤相亲，宝宝身上包有薄毯，而妈妈的体温让宝宝保持温暖，这一点很重要，因为小宝宝体内缺少保持体温的脂肪。对于袋鼠式哺育法的研究表明，妈妈的体表温度会在宝宝体温下降时自动上升，她们的身体可以对宝宝的需求做出敏锐的反应。通过袋鼠式哺育与妈妈亲近的宝宝会变得恬静安逸，心率和呼吸都更有节律，偎依在妈妈胸前入睡的宝宝比在高科技婴儿床里睡得更安稳。在袋鼠式哺育过程中，宝宝也会探索妈妈的乳房，他们可能会舔一舔乳头，也可能会试图抓住乳头。袋鼠式哺育的妈妈发现，这种哺育法可以促进她们泵出更多的乳汁，因为她们的身体会对宝宝触摸的刺激做出反应，分泌出更多的乳汁。袋鼠式哺育的宝宝哭得较少，所以能够保存能量和氧气。而且，袋鼠式哺育法并不仅仅是妈妈的特权，爸爸也能乐在其中。大多数父母认为这种哺育法非常有效，可以帮助他们与住院的宝宝保持联系。

吉恩·克兰斯顿·安德森博士来自克利夫兰的凯斯西储大学，他对袋鼠式哺育法进行了研究，结果表明，接受袋鼠式哺育法的早产儿体重增加更快，出现呼吸暂停现象较少，住院时间也更短。在早产宝宝离开婴儿加护病房后，"戴"着宝宝仍然非常重要。宝宝出院回家后，婴儿背带可以帮助妈妈和宝宝享受亲密关系，鼓励宝宝频繁地吃奶，帮助宝宝茁壮成长。

> 当我得知宝宝将会提前十一周出生时，我开始处于抑郁和疏离状态。宝宝出生后，因为害怕宝宝会最终不能与我一起出院回家，我克制自己不与他建立亲密关系。宝宝还在加护病房的时候，我就害怕触摸他。在他身边时，我连喘口气都小心翼翼，担心宝宝会因此生病。但我的丈夫做得很好，他抱着我们早产的儿子，呵护他，关爱他，滋养他，为小家伙流泪感伤。
>
> 宝宝出院后，我的丈夫请了两周假，在家陪伴照顾我们两个。我在那个时候听说了亲密养育法，就立即买了一个婴儿背带，开始将宝宝兜在身上，去哪里都"戴"着他。渐渐地，我开始通过"戴"着他与宝宝建立了亲密纽带，我的恐惧感也日渐消失了。

- 母婴同室的宝宝更有满足感，因为他们可以确定，自己一哭闹或者只是流露出要哭的迹象，就会立即得到回应。
- 母婴同室的宝宝哭得较少，因为他们的哭声更容易得到迅速的回应。妈妈（或爸爸）会及时帮助他们平静下来，以免他们真正激动起来，痛哭不止。虽然在一些大型婴儿房里，有时会使用人心脏跳动的录音或音乐来安抚宝宝，但与妈妈同室的宝宝可以得到真实而熟悉的声音抚慰，而不需要这些电子方式来安抚。
- 母婴同室的宝宝能更快地了解日夜的概念，他们会比婴儿房里的宝宝更早学会安排自己的睡眠——觉醒周期，这是因为在他们身边的妈妈（大多数时候）会在夜间关灯睡觉。

● 母婴同室的妈妈通常较少遇到母乳喂养问题，因为宝宝就在身边，可以不分昼夜频繁地吃奶。宝宝得到许多练习吃母乳的机会，妈妈会更早出奶，宝宝也会吃得更满意。这样一来，妈妈更有动力继续母乳喂养了。

● 母婴同室的宝宝患上黄疸病的较少，也许是因为他们吃奶更频繁，能吃到更多的奶。

● 虽然护士或关心产妇的亲友会建议妈妈在晚上将宝宝送到婴儿房（"这样你就能睡个好觉"），但是，母婴同室的妈妈通常会比与宝宝分开的妈妈得到更多的休息。因为宝宝在身边，妈妈就少了许多担忧，不需要牵挂宝宝在婴儿房里怎么样了。宝宝如果在夜里醒了，妈妈可以轻轻地起身，让宝宝吃奶，借助吃奶的安抚效果使宝宝再次入睡。最初几天里，新生儿大多数时间都在睡觉，所以同处一室的妈妈可以单纯地享受注视宝宝的时光。

● 全程母婴同室也促使医务人员不仅能够关注并照顾宝宝，也能关注到妈妈的需求。心理上的支持让妈妈获益匪浅。这样，妈妈会感到自己很重要，能更好地专注于照顾自己的孩子。

● 根据我们的经验，母婴同室的妈妈患产后抑郁症的较少，她们出院时都会对自己可以照顾好宝宝更有信心，也能更好地经受住产后最初几周的情绪起落。

母婴同室日益成为照看新生儿的标准模式，但是，仍然有许多刚出生的宝宝被放在妈妈房间的塑料婴儿箱里。要做到真正的母婴同室，你要尽可能多地将宝宝抱出婴儿箱，抱在自己的怀里。宝宝的家在你的臂弯里，而不仅仅在你的床边。

> • **亲密小贴士**
>
> 剖宫产妈妈如果非常疲乏，或者仍处于镇静剂、止痛剂的效力之下，那么，在没有别人帮助的情况下抱着宝宝或与宝宝睡在一起是不安全的。在这种情形下，妈妈对宝宝的存在没有平时那么有意识。所以，如果妈妈接受了影响她们睡眠或者意识的药物，她们就需要护士或其他人的监督和帮助。当妈妈睡觉时，可以由爸爸（或其他照料者）抱着宝宝，照顾宝宝的需求。

同室育婴如何帮助建立亲密感

生完宝宝后，你也许会希望在住院期间能够好好休息。"让护士照顾宝宝吧，等我从分娩的疼痛中恢复过来之后，再开始照顾宝宝的全职工作。"再仔细想想，你就会知道，对不愿立即行使妈妈职责的产妇来说，同室育婴是特别有用的育儿方式。有一天我巡视病房的时候，发现新妈妈简看起来很伤心，我就问她："发生什么事了吗？"她向我吐露："我应该对宝宝洋溢着母爱——可是，我没有那样的感情。我感到紧张，有压力，也不知该做些什么。"听完之后，我鼓励她道："无论是恋爱还是育儿，并不总是一见钟情的。对一些母子来说，学习关爱对方的过程是缓慢的、渐进的，所以你不要担心，你的宝宝也会帮助你。但是，你必须创造条件，让母婴之间的关爱系统运作起来，其中最重要的条件就是让宝宝待在你身边。"

母婴之间的亲密关系依赖于母婴之间的双向交流。宝宝啼哭所发出的声音可以激活妈妈的情感，这种影响不仅仅是心理上的，还有生理上的。妈妈心里想着"宝宝怎么了"，身体就做好了安抚宝宝的准备，体内流向乳房的血液量就会增加，妈妈甚至能感到自己的泌乳反射引起了奶水溢出。无论是情感上，还是生理上，妈妈都有抱起宝宝的冲动——用自己的声音、触摸以及乳汁安抚宝宝。妈妈会温柔地抱起她的小宝贝，尝试用不同的方法安抚：说话、唱歌、轻拍、喂奶或者在房间里走动。她尝试的方法也许不管用，但会一直尝试，直到宝宝平静下来。这时候，妈妈会想：啊，是这样，宝宝想被我抱在肩头（或是宝宝想吃奶了，或是宝宝想听听我的声音）。而宝宝会想：我之前难过地哭，当妈妈抱起我时，我就感觉好多了。母子俩都学到了一些东西，可以用于之后的交流。在这个世界上，没有什么其他信号可以像宝宝的哭声那样，能够引起妈妈如此强烈的反应。

当宝宝与妈妈共处一室时，他们有许多交流机会。因为妈妈就在宝宝身边，她可以在宝宝放声大哭之前就留意到宝宝的行为。妈妈会在宝宝即将醒来、扭动、不安或表情痛苦时就抱起宝宝，很快地安抚好宝宝，那时宝宝甚至还没有开始哭，更不用说哭得天翻地覆，难以停止。妈妈会因此学会读懂宝宝哭之前的信号，并做出恰当的回应，而因为这些比哭更微妙的信号得到了妈妈的回应，宝宝也会开始更多地使用这些信号。住院期间，这样的多次对话演练以后，母子俩就会行动一致，宝宝学会更好地给出信号，妈妈学会更好地做出回应。当妈妈能够平静而充满信心地对宝宝做出回应时，她的泌乳反射也会更顺利运作，宝宝在需要的时候就能吃到母乳。

妈妈和宝宝分开时会出现哪些问题？

将母婴同室的场景与母婴分开的场景做个对照，妈妈待在自己的房间里，宝宝睡在医院婴儿房的塑料婴儿箱里，宝宝一觉醒来，饥肠辘辘，开始啼哭，其他婴儿箱里的宝宝也被成功地带动起来一起哭。一位善良的护士听到了哭声，及时做出回应。但是，当护士将一些宝宝带到他们各自妈妈的身边时，势必还有些宝宝得等待，而护士对这些宝宝没有生理上的亲密感，她可能不会迫不及待地安抚宝宝，她的体内不会出现激素反应，也不会有乳汁冲向乳头，所以她只会尽快地将饥肠辘辘、啼哭不止的宝宝送到妈妈身边。

这个场景的不妥之处在于宝宝的哭声有两个阶段，啼哭初期的声音具有促进亲密关系的特性：可以唤起同情，激发反应。如果哭声没有得到响应，就会升级，变得越来越让人烦扰，越来越折磨人的神经，此刻的哭声不再是呼唤反应，相反，很可能会让人闪躲不及（见第164页哭声曲线图）。

尽管如此，错过这场开场戏的妈妈仍然需要对哭泣的宝宝做出回应，加以抚慰，只不过宝宝一旦升级成号啕大哭后，就很难抚慰了。妈妈变得焦虑不安，她不管怎么做都帮不了宝宝，而她一紧张，泌乳反射就运作不良，就算运作正常，宝宝也焦躁不安，不愿吃奶。有些宝宝在哭了很长一段时间后不哭了，等被送到妈妈身边时，他们可能睡着了——他们借着睡觉从疼痛或饥饿的不适中抽离出来。这时，妈妈又得费劲地弄醒宝宝，在宝宝只想睡觉的时候给他们喂奶，整个过程让人沮丧不已。

以上这种情况如果经常发生，妈妈就会渐渐怀疑自己的安抚能力，相信护士会比自己照顾得更好，结果就是让宝宝在婴儿房里待更长时间。等母婴双方出院回家时，仍未能真正地相互了解，彼此一定程度上还是陌生的。

如果你觉得不了解自己的宝宝，或者不知道宝宝需要什么，那么解决方案就是花时间和宝宝待在一起，即母婴同室。当宝宝在你的房间里醒来时，你可以对他哭前的信号做出回应，不要等到他的哭声升级成让人烦扰的号啕大哭，那样只会让你手忙脚乱、应接不暇。实际上，爸爸妈妈可以教宝宝哭得更好，而不是哭得更响。如果你经常将宝宝抱在怀里，宝宝也许根本就不用哭，你们两个（或三个）真的能很好地相处，用一个更合适的术语形容"同室育婴"，也许应该叫"相互适应"。宝宝和妈妈通过待在一起练习"暗示—反应"的对话，能够学会很好地适应对方。这样一来，他们就已经感受到亲密养育的一项益处——了解对方，享受与对方在一起的时间，让彼此袒露最好的一面。

亲密担忧症

"亲密关系"是一个非常有用的词，也是一个沉甸甸的词，容易让你感到期望落空。亲密担忧症常常发生在剖宫产之后，宝宝一出生就被送到婴儿加护病房，以及那些出于其他原因分娩后就与宝宝分开的妈妈身上。妈妈不能抱着宝宝或者不能待在宝宝身边时，自然会感到伤心或担忧，她们的身心都期望宝宝出生后能躺在自己的怀里。当这个期望不能实现时，妈妈感到沮丧也是可以理解的。她们将这种感觉形容为感到空洞，或者感觉自己不完整了。她们想念自己的宝宝，担心自己的宝宝，那是非常真切的情感。然而，她们不应该担心错过了建立亲密关系的时机。

有些物种，如果母亲和幼崽在幼崽刚出生的敏感期受到干扰，他们之间的关系可能会永久性地受到伤害。妈妈会拒绝甚至遗弃自己的幼崽，而幼崽也可能不认识自己的妈妈。人类与这些动物不同，人类可以在人与事物不在场的情况下想起他们，所以，即使妈妈在宝宝出生后的几小时里与宝宝不在一起，妈妈也能通过其他方式与宝宝建立起亲密关系。

自从"亲密关系"在20世纪80年代成为时髦的育儿词汇以来，一些不良后果就出现了，并且延续到今天。有的时候人们将亲密关系看作"非现在，则永无"的现象。如果你错过了宝宝出生后的第一个小时，你就搞砸了，你和宝宝的关系就永远比不上如果你抓住了那个机会的情形。对亲密关系这一概念的过分宣扬和扭曲，使那些出于某些原因在分娩后与宝宝分开的妈妈产生无谓的担忧，特别是那些做事力求尽善尽美的妈妈。的确，在宝宝出生后的这段生理敏感期内，和宝宝待在一起可以促进父母和宝宝的关系，但是，即便父母错过了这个机会，也是有办法弥补的，以下是一些建议。

由爸爸建立亲密关系。如果妈妈由于分娩时使用麻醉药物而感到眩晕无力，或者因为分娩而感到筋疲力尽，无法将注意力专注在宝宝身上，不能与宝宝立即待在一起，可以由爸爸出面，建立与宝宝的亲密关系。爸爸可以在婴儿房或者一个安静的房间里抱着宝宝，和宝宝说话。

这时候，宝宝在出生后立即就能享受到与人亲密接触的益处，而爸爸也获得了了解宝宝、体验新爸爸角色的机会。如果宝宝必须留在特殊护理婴儿房，甚至需要转到其他医院，爸爸可以跟着一起去，与医护人员交流宝宝的情况，并将消息传达给妈妈。即使宝宝在恒温箱里，爸爸也是可以触摸、轻抚宝宝的。

剖宫产后的注意事项

剖宫产是一项手术，但它首先是一个新生命的诞生——是妈妈和爸爸第一次见到他们孩子的时刻。即使必须剖宫产，父母仍然有机会在宝宝出生后的敏感期以及之后的日子里与宝宝建立亲密关系。下面是剖宫产后促进亲密关系的方法。

对妈妈来说：大多数剖宫产手术会使用局部麻醉，让你从肚脐到足尖都没有知觉，也让你可以在宝宝来到这个世界时迎接他。除非是紧急情况，需要立即手术和全身麻醉。你可以要求医生使用药物时让你在手术过程中保持清醒的意识。宝宝出生后，医生一旦检查完毕，你就应该要求看宝宝、抚摸宝宝。因为打点滴，你可能只有一只胳膊能自由活动，但是在别人的帮助下，你仍然可以触摸到宝宝幼嫩的肌肤，凝视他的眼睛。你和宝宝接触的时间也许有限，你的身体也许会感到疲惫不堪，但是你可以充分利用你们在一起的时间。最重要的是，你在宝宝出生后立即就与他建立了联系，而不是隔得远远的。

对爸爸来说：准备好在手术过程中陪伴你的妻子（你并不需要看到手术部位）。你可以坐在她身旁，握住她的手，一旦宝宝被取出子宫，医生告诉你母亲情况稳定，宝宝也健康之后，你或者护士就可以将宝宝

第四章 从分娩开始的亲密纽带

带到妈妈面前，并帮助妈妈凝视、触摸宝宝。接着，医生结束手术，你的妻子被送到病房期间，你要和宝宝待在一起。即使你的宝宝需要特殊护理，你仍然可以待在宝宝的恒温箱旁边。让医护人员帮助你，让你可以触摸到宝宝，让宝宝可以听到你的声音；宝宝也许会认出爸爸的声音，因为这个声音他在子宫里时已经听到过好几个月了。我注意到，与宝宝一起度过剖宫产这一特殊时刻的爸爸，在之后的日子里将更加容易与宝宝建立起亲密关系。

补上亲密时间。如果你因为医疗而错过了宝宝生命中的第一个小时，你可以之后补上与宝宝亲密的时间。一旦你发现合适的时机，就应该要求别人将宝宝抱到你身边。（你也许得不停地要求，态度要非常坚定。）即使宝宝在睡觉，你也要将他抱起来，凝视他的脸蛋，研究他小小的手指和脚趾，看着他在睡梦中呼吸、做出不同的面部表情，还有吮吸的动作，让他靠近你。如果你觉得自己不能完全承担照顾宝宝的任务，可以让你的丈夫、妈妈或者好朋友来病房帮你。等宝宝睡醒了，将他贴身抱在胸前，肌肤相贴，然后让他用鼻子轻触你的乳头，衔乳吃奶。

如果宝宝不能来你的病房，那就过去找宝宝，要求见他、触摸他、抱着他——尽一切可能。如果宝宝在接受特殊护理，也许看到小家伙身上插着管子，连接着监视器会让你难过，但见不到他会让你更难过。每天都打几次电话给婴儿房的护士，了解宝宝的情况，并在任何可能的时候，与他待在一起。给你的宝宝留一样特别的物件，比如，一条带着母乳香味的婴儿浴巾。和宝宝拍一张合影，放在电话旁或泵奶器旁，这样你就可以在想到宝宝或谈到宝宝的时候看看照片。

在家建立亲密关系。我们见过养父母在第一次接触一周大的收养宝宝之后，与产房里的亲生父母一样，内心对宝宝产生深情的关爱。如果你和宝宝出院回家后，继续将注意力专注在宝宝身上，就会产生亲密的感觉。让宝宝一直和你待在一起，当你抱着他、给他喂奶的时候，多一些肌肤的接触，别让家务活或者访客，甚至你自己的担忧妨碍你和宝宝的交流。

放松心情。很多妈妈第一次见到自己的宝宝时，内心并没有感受到对宝宝的爱意，不管是在产房里还是在生产几天之后。不过不用担心，你的感受远没有行动来得重要，如果你练习本书中描述的育儿行为，你对宝宝的爱意就会随之而来。想知道自己爱不爱宝宝，最好的解决方法就是与宝宝待在一起，研究他的脸，在他睡觉的时候也抱着他，在他哭的时候安抚他，让他在怀里吃奶，尊重他的喜好。只要你对宝宝的暗示做出回应、抱着他、给他安抚，就能让他感到被爱，即使你自己的情感和你所期待的不太一样。不用担心，你会爱上你的宝宝，这是必然的。

出院回家：十个小贴士让第一个月持续亲密

我们将回家后的头四个星期称为"筑巢期"。在这段时间里，父母和宝宝（或者还有其他大孩子）要学习如何作为一家人相互适应。父母的注意力应该放在宝宝和自己身上，这段时间的主要任务就是与宝宝之间建立起牢固的亲密关系，也就是说你开始感到自己和宝宝真的很默契。正如分娩后的第一个小时，你要求私人空间来与宝宝建立联结，如今，你也需要捍卫自己的私人空间，不要让外界的需求或担忧干扰这段特殊的时期。

下面一些小贴士会帮助你充分利用这段时间，将注意力放在宝宝和家庭上。

1. 休产假。产假的含义很简单，放下手头其他工作，专注地做个妈妈，养育宝宝。无论是全职还是兼职，给自己一个和宝宝共度这段时光的礼物吧。

"产假"的科学依据

早在古代，世界上很多文化传统都将产后"头四十日"看作妈妈和宝宝生命中的特殊时期。在这段时间里，会有人帮妈妈做家务，她不用忙太多事，只要将注意力放在宝宝身上。这种产假的传统有很强的生物学基础。

在产后的头六周里，妈妈血液中的催乳素水平很高，在这段时间里频繁地喂奶可以帮助妈妈建立良好的乳汁供给。六周时间，基本上可以让产妇的身体得到恢复，并为宝宝提供良好的乳汁供给。泌乳科学家近几年证实，在母乳喂养的头几周里，频繁地喂奶对妈妈之后几个月里的乳汁供给有着重要的影响。频繁的喂养会促使乳房的泌乳细胞生成更多的催乳素感受体。催乳素是一种使乳房分泌乳汁的激素，在最初几周里，妈妈血液中的催乳素水平达到最高，之后随着宝宝的长大，催乳素水平会下降。催乳素感受体越多，乳房在激素水平较低的情况下越能顺利泌乳。在头六周里多花些时间给宝宝喂奶，会让妈妈在宝宝三四个月大的时候仍然能分泌出足够的乳汁。

六周时间是你应该考虑的最低产假，应该尽量休满三个月，这也是现在法律允许的时间。正如我们在上面所说的，产后休养、建立稳定的乳汁供给、确定对你和宝宝都起作用的生活习惯及育儿方式需要花上六周时间，之后的六周，你就可以开始兑现你之前的投资，更加享受宝宝的存在。

在我们的文化中，新妈妈累得筋疲力尽是常见的事，这并不完全是小宝宝持续不断的需求造成的，而是新妈妈试图做得太多、太快。你需要利用这宝贵的几周产假，让家里的其他人清楚你的计划是什么。

照顾一个新生儿所花的时间和精力比大多数父母之前预期的要多得多。与小宝宝建立亲密关系，要求你本人必须在那里陪着小宝宝，并且关注他的需求，对他给出的信号做出回应。如果你试图做很多家务、热情接待客人或者继续忙于工作，你是不可能做到及时回应的。这并不是说，在了解小宝宝的过程中，你会一直非常忙，其实很多时候，你"什么都不用做"，只需要抱着宝宝，给他喂奶。这样放松地和宝宝在一起，你并非无所事事，你在观察学习，和宝宝一起休息、一起安静下来。放下其他工作能够让你有时间放松，享受与宝宝在一起的悠闲时光，不用为没有完成某项工作而苦恼。实际上，你现在正在做的事要比你做的其他任何事都来得重要——养育你的宝宝。

父母往往觉得最初的两个星期虽然美好，但是很累人。妈妈的身体在逐渐进行产后恢复、适应泌乳的过程中，需要大量的休息时间。你的生活在最基础的层面发生了变化：睡眠节奏、饮食计划、早晨什么时间起床、白天干什么、晚上什么时间上床睡觉，等等。能够成功应对这些变化的是那些能够放松并凡事顺其自然的妈妈。四个星期，宝宝生命中的第一个月，时间并不长，其他的事总是能等的，不用急着去做。

2. 休陪产假。如果可能的话，爸爸可以请一两周的假，为新家庭有个最好的开始出一份力。在这段"筑巢期"，爸爸担负着非常重要的职责，要照顾到方方面面，包括你的妻子、你的新生儿，还有宝宝可能有的兄弟姐妹。

首先，尽力让你们的"巢"成为一个可以让妈妈和宝宝能专注于彼此的地方。接手需要完成的家务活（将家务活的工作量降到最低——现在不是刷洗地毯或给浴室换瓷砖的好时候）。确保你的妻子能吃到营养的食物，可以是你自己做的，也可以是亲戚朋友送来的，或者是从她最喜欢的餐馆里订的。如果经济允许，请人来帮她，也可以请要好的亲戚朋友来帮忙。家里井井有条，会帮助妈妈将注意力放在喂奶和照顾宝宝上。每天都在家里四处看看，不要让任何隐患破坏你宁静的小窝或者影响你目前很脆弱的伴侣。

其次，花些时间认识你的小宝宝。宝宝并不总是要在妈妈的怀抱里，你愿意伸出臂膀将宝宝揽在怀中的话，妈妈会很高兴自己可以喘口气，休息一下。当妈妈洗澡或午睡的时候，你可以担负照顾宝宝的责任。你还可以在妈妈准备给宝宝喂奶时，帮一把手：你可以先抱着宝宝，和他说话，等你的妻子在摇椅上安顿下来，将宝宝递给她，再送上一杯水，然后你可以坐在一旁，注视并赞叹你们的爱情结晶。宝宝吃完奶后如果还醒着，你可以抱着宝宝再走走，陪着他，直到哄他睡着。

爸爸与新生儿的亲密关系

以往亲密关系的研究着重于母婴间的依恋关系，爸爸只是象征性地被提及。但是，当研究人员将爸爸作为亲密关系研究的对象时，他们发现，爸爸和妈妈一样，可以对新生儿做出敏感的反应。爸爸对宝宝的反应有一个特殊的名称——全身心投入，这个名称描述了爸爸高度参与宝宝的生活，为宝宝着迷，甚至会时刻挂念宝宝的情形。新爸爸会急着告诉你，他的小宝宝非常完美，他自己感到极度快乐，也感到非常自豪。爸爸如果在宝宝出生后立即和他在一起，并在最初几天里陪伴宝宝，有助于激发爸爸对宝宝的感情。只要有机会照顾宝宝，和宝宝说话，和宝宝进行眼神交流，爸爸可以很快变得像妈妈那样对宝宝的暗示非常敏感。

很遗憾，爸爸照顾小宝宝的形象往往被刻画成出于好心，但笨手笨脚，事与愿违。有的时候，爸爸被降级为间接照料者——在妈妈照看宝宝的时候照看妈妈，但是这仅仅是故事的一半。爸爸有他独到的方法与宝宝建立联系，而宝宝也可以辨别爸爸与妈妈照料方式的不同，并做出相应的反应。男人也可以像女人那样滋养宝宝，特别是当爸爸在宝宝出生后的几小时或几天里，有机会陪伴在宝宝身边时。

最后，接管照顾大孩子的工作。让大孩子知道他能为妈妈做些什么，例如，自己收拾房间，在妈妈午睡时保持安静或者给妈妈递零食和尿布之类。让大孩子知道他在这段时间里要成为给予者，而不是索取者，这个阶段全家人都要为妈妈出一份力。（你的孩子今后也会成为爸爸或妈妈，所以这是很好的训练。）如果大孩子还在学步或是上幼儿园的年纪，对小宝宝获得的注意力感到嫉妒，你就要花些时间陪他玩，让他开心，虽然不能完全补偿，但也不会让他落差太大。

3. **杜绝"婴儿教练"**。产后的几个月里，你应该一切顺其自然，跟随你的心和宝宝的暗示。这段时间，你不用担心如何让宝宝生活规律、减少白天喂奶次数、让宝宝睡整夜觉之类的问题，也不要想着让宝宝明白"这里谁做主"的道理。小宝宝想要得到的就是他所需要的，你的任务就是去了解他，而不是让他的行为遵循别人的建议。

初为人母的你爱宝宝，希望自己成为宝宝最好的妈妈，这样的想法可能让你脆弱。如果有人告诉你，你的育儿方式可能不是最好的，你就会变得焦躁，也会感到困惑。即便是最自信的妈妈，当育儿书、亲友以及媒体宣传的育儿方式与她的直觉不同时，她也会难以继续听从自己的内心和母性的直觉。这时，就是爸爸发挥作用的时候了。爸爸可以隔开那些让妻子沮丧的建议者，告诉妻子，在你心里她做得非常好，宝宝得到了他真正需要的东西。

4. **寻求帮助**。你和宝宝出院回家后，比较明智的做法是减少探望者和电话，娱乐和社交都会占用许多精力，而你的精力应该主要放在照顾自己和宝宝身上。探访和电话都可以简短而愉快，但是别忘了向朋友和家人寻求帮助。当他们问起能不能帮上忙的时候，爽快地说："能！"请他们帮忙送送饭菜或者日用品，朋友还可以帮你洗衣服、打扫厨房，或者带着大孩子去公园玩。大多数人都会很乐意帮忙，他们只是需要知道怎么帮。为了回馈你接受的帮助，你将来也可以为刚生孩子的家庭提供帮助。

当帮忙的人（如你的妈妈、婆婆或好朋友）到你家来的时候，确保他们真正帮到你了，不要变成他们成天抱着宝宝，逗他玩，而你在一旁招待他们。他们应该照顾你，帮你整理家、做家务，而你才是唯一照顾宝宝的人。奶奶如果过来住一两周，你最好在她来之前就说清楚你想让她帮什么忙，例如："我需要你帮我收拾厨房，帮我热菜，这样我可以坐下喂宝宝。"如果你不好意思直接说，可以在冰箱上或电话机旁贴个清单，列出你需要别人帮你完成的工作，然后，就让帮忙的人用自己的方式做就行了。

放松心情，就让自己成为索取的一方好了，要非常感谢帮忙的人让你有时间和精力做只有你才能做的工作——养育你的宝宝。当然，你可以让他们抱抱宝宝——如果你去洗澡了，或者想做一些自己喜欢的事。

当我们的孩子对玛莎要求过多，她应付不来时，最有用的两句话就是"去问爸爸"和"你们吵到我了"（孩子们拌嘴时）。而且，玛莎的衣着也是为宝宝着想的，她听从了生产课上给出的建议："两个星期都不要脱掉睡袍，坐在摇椅上，纵容一下自己。"她意识到，如果她没有穿戴整齐，孩子们就会领悟到，妈妈暂时不会满足他们，可以找其他人帮忙。

5. 雇人帮忙。 如果经济条件允许，可以考虑在孩子还小的时候，雇人做家务，这项投资是值得的。可以请人打扫房间、洗衣做饭，或是雇一个中学生在放学后陪大孩子玩一两个小时。

很多社区都提供"陪产士"服务。"陪产士"希腊语的意思为"看护人"或"仆人"。"陪产士"是专门照顾妈妈的（不是照顾婴儿的，婴儿护士是照顾婴儿的），让妈妈可以有时间专注于宝宝，学习照顾宝宝。

你可以在生产期间雇用"陪产士"帮助你，你也可以在产后雇用"陪产士"照顾你，包括协助你哺乳，帮忙做家务。如果你不能雇用"陪产士"，也可以让你的丈夫、亲戚或朋友当你的"陪产士"。你可以向他们介绍"陪产士"这个概念，让他们明白你需要他们为你做什么。

如果你在怀孕期提早安排，你甚至可以自己安排好家务。在生产前的那个月里，晚饭都做双份，将其中一份冰冻起来，另外，储备大量日常用品。在预产期即将到来之际，保持家里的整洁，这样你出院回来就不用面对脏乱的屋子；收集一些外卖餐馆的菜单，这样你在刚回家那几周里，打电话订餐时，除了比萨饼以外还可以有很多其他选择。

6. 避免与世隔绝。 太多探访者不好，而完全靠自己应付小宝宝也不是个好事儿。和那些支持你育儿方式、让你感觉良好的朋友及家人保持联系，如果你离他们较远，试着在社区里为自己找到某种支持系统，一些经验丰富的父母可以为你提供很多支持，特别是那些了解退后一步之智慧的父母，他们会帮你找到最适合你家庭的教养方式。你也可以和生产课上或教堂里认识的父母聚聚，了解一下社区里有没有为妈妈和宝宝安排的活动。以前上班时你的身边有许多人，如今你整天在家和宝宝在一起，这是生活中一个巨大的改变。你需要一些你和宝宝都能享受其中的社交出口，好让你对自我感受更积极一些。

7. 多吃、吃好。 当你感到有压力的时候，营养比其他任何时候都重要。这包括许多新鲜水果和蔬菜、全谷类食物、低脂奶制品（如果你或宝宝不过敏的话），还有鱼类、瘦肉和鸡肉。手边应该准备充足的健康食品当零食或快餐，这样你就不会想吃甜品和垃圾食品了。

小宝宝有个出了名的恶习，那就是在爸爸妈妈正要坐下吃饭时要吃奶。所以有的时候，你只能抽空随便抓点东西吃，即便是这样，你也要确定自己吃的东西对你有好处。少食多餐可以帮助你保持稳定的血糖水平和充足的精力，让你能对宝宝更加敏感。这听起来很神奇，但却是真实的——吃得好可以让你的情绪平稳安定。

产后的头六周不是考虑减肥的好时机，怀孕期积累的脂肪到时候会自然地消耗掉，特别是你母乳喂养的话。如果你坚持食用健康食品，保持运动，减重只是时间问题。如今，你是个新妈妈——在产后最初几个月里，你就应该多一些额外脂肪。

8. 锻炼身体。照顾好自己并不意味着坐着什么都不干。体育运动是减轻压力、提升情绪极好的方法。运动能使肌体释放内啡肽，这种大脑化学元素让你感到更加快乐、放松。你应该充分利用这个天然的抗抑郁药。

对于生产后的女人，走路是非常棒的运动，你不需要担心由谁来照看宝宝——带着宝宝走就行了，用背带背着他，让他依偎着你，你走路的动作也许能让他在背带里睡着。每天轻快地走上四十五分钟，每周至少走上几次。这样，你的自我感觉会更好，睡眠也会更好，同时产后身上多出来的脂肪也会逐渐消失不见。

9. 休息，休息，再休息。如果你感到疲倦和焦躁，就无法对小宝宝反应敏锐。新生儿的睡眠时间是无法预料的，所以经常会导致你在半夜清醒着，而在下午却疲惫不堪。午睡对于产后的妈妈非常有益（对爸爸也是如此）。关掉电话，在大门上挂上"请勿打扰，妈妈和宝宝休息中"的牌子。如果宝宝睡觉早，你也早点上床睡觉，或者一起晚点睡觉。教会宝宝如何躺着吃奶，这样你们俩可以一起进入梦乡。充足的休息可以提升你的情绪，帮助你更好地照顾宝宝，同时让你的身体在产后得到及时修复。

10. 委派爸爸。丈夫和妻子无法读懂对方的心思，尤其在家里多了一个小宝宝，给你们的生活带来了巨大变化的时候，妈妈和爸爸应对这些变化的方式各不相同。因此，与对方交流并倾听对方的心声变得非常重要。

做妻子的要告诉丈夫具体需要什么样的帮助，既可以是切实的帮助，也可以是情感上的帮助。你可能会认为，显而易见，你需要人帮忙做家务，或者需要一个支持的拥抱而不是建议。但是许多男人不能领会妻子的想法和感受，所以可以友善而直接地把你的想法告诉对方，他也会很感谢你传达给他的需求。

做丈夫的也要让你的妻子知道你的想法和感受。如果你觉得受到了冷落，妻子太过注重宝宝而忽略了你，感到家里没有自己的位置，你可以和她谈一谈。之后，你可以暂时接管照顾宝宝的责任，让你的妻子有机会睡个午觉、出门散散步或者做些她自己想做的事。如果你能让她有机会照顾到自己的需求，她也会有更多的精力花在你和孩子身上。

第五章

母乳喂养

有一个亲密养育要素对亲子关系的生理机能有着巨大的影响力，那就是母乳喂养。这很好理解，因为母乳喂养这个亲密工具是"内置式"的，是妈妈和宝宝自然生理的一部分。母乳喂养让宝宝和妈妈均能受益，充分体现了"相互给予"这一亲密养育法的精髓理念。

母乳喂养让亲密养育更加容易

尽管用奶瓶喂宝宝吃奶的妈妈们像母乳喂养的妈妈们一样能够感受到与宝宝的亲近，但是母乳喂养确实可以让亲密养育更容易，原因主要有以下几点。

母乳喂养使妈妈的激素分泌先行一步。每次妈妈给宝宝喂母乳，宝宝都会刺激妈妈分泌催乳素，作为对妈妈的回报。与哺乳相关的激素，即催乳素与催产素，其功能不仅能使母亲产生和分泌乳汁，还能帮助妈妈建立与宝宝的联系。因此，你完全可以将这些激素助手看作亲密激素。

在母乳喂养的最初十天里，这些亲密激素的水平是最高的。此时的妈妈在学习如何照顾小宝宝，正是需要大量的激素帮助的时候。催乳素给母亲发出分泌乳汁的信号,同时还充当了抗压激素的角色,帮助妈妈保持平和的心境,应对小生命到来后带来的种种挑战。催产素促使乳腺开始分泌乳汁,还能让女性感到满足和平静。这两种激素在宝宝的吮吸刺激下分泌出来,使得母乳喂养变成天然的镇静剂。

这些激素所带来的好处是对妈妈母乳喂养的奖赏,妈妈会将母乳喂养与精神放松联系起来,变得更想与宝宝在一起。母乳喂养的生物化学促进作用对那些在产后与宝宝联系较慢的妈妈来说特别有帮助。重复性喂奶不仅让妈妈有许多与宝宝相处的时间,也让妈妈在宝宝身边时内心产生美好的感觉。由此,母乳喂养迅速激发了母婴之间的亲密联结。

母乳喂养的十大健康效益

多年来,数以千计的研究成果表明,母乳喂养是最好的。母乳喂养为母婴健康带来众多好处,以下只是其中的一部分。

1. 母乳喂养的宝宝视力更好。 研究显示,吃母乳的宝宝视力敏感度更高,因为母乳中含有"智能脂肪",能够在眼睛和大脑中构建更好的神经组织。

2. 母乳喂养的宝宝听力更好。 配方奶喂养的宝宝患中耳炎的概率更高,炎症可能导致听力问题,即便是短暂的听力损伤也会影响孩子的语言发展。

3. 母乳喂养的宝宝笑容更美。 因为吸吮母乳促进下巴发育,并且有助于面部肌肉发展,母乳喂养的孩子很少出现需要正畸(牙齿矫正)的问题。

4. 母乳喂养的宝宝呼吸更好。 母乳喂养的宝宝较少患有上呼吸道感染、哮喘，以及过敏性鼻炎。

5. 母乳更容易被宝宝消化吸收。 母乳是为人类婴儿特别定制的，所以比配方奶更容易消化。母乳在宝宝胃中的清空速度更快，所以母乳喂养的宝宝不太会患上胃食管反流 —— 胃酸回流到食管下端。胃食管反流是宝宝腹部痛甚至半夜痛醒的常见起因，却往往难以被察觉。

6. 母乳保护尚未发育好的肠道。 母乳中含有免疫物质，会覆盖在消化道壁上，形成保护层，让细菌不能进入血液。这种对肠道有益的环境意味着母乳喂养的宝宝较少出现肠道感染及腹泻的情形。母乳喂养的宝宝也较少发生食品过敏问题，因为肠道受到了保护，不会接触到刺激肠壁的外来蛋白质。

7. 母乳喂养的宝宝肌肤更健康。 一些配方奶喂养的宝宝皮肤粗糙，会出现过敏性皮疹，摸起来很干燥，像砂纸一样，而母乳喂养的宝宝较少出现这种情况。对有湿疹或皮肤过敏症家族史的宝宝来说，母乳喂养尤为重要。

8. 母乳喂养的宝宝成年后较少肥胖。 母乳喂养让宝宝从一开始就养成健康的饮食习惯，宝宝学会根据自己的胃口控制食量，而不是在别人的鼓动下喝光奶瓶里最后那15毫升的奶。母乳喂养的宝宝比配方奶喂养的宝宝更苗条健康（他们的脂肪含量与体重相符），而苗条在很多时候是身体健康的一个重要促成因素。

9. 母乳喂养的宝宝患病概率低。 母乳喂养的宝宝较少患上各种感染性疾病，包括细菌性脑膜炎、尿道感染以及婴儿肉毒中毒综合征。此外，吃母乳的宝宝也较少患上青少年糖尿病、克罗恩病（多表现为局部性肠炎），也较少在童年患上癌症，甚至患上婴儿猝死综合征的概率也比较低。

10. 母乳喂养的妈妈更健康。至少有一项研究表明，母乳喂养的妈妈患上产后抑郁症的概率较低。还有研究显示，母乳喂养能够降低乳腺癌、子宫癌及卵巢癌的患病率。母乳喂养还能降低骨质疏松症的发病率。许多女性还发现，母乳喂养有助于她们产后瘦身。

关于母乳喂养的妈妈与非母乳喂养的妈妈的比较研究表明，母乳喂养的妈妈体内压力激素的水平较低，她们对生活中的种种压力更有承受力。换句话说，母乳喂养能够帮助妈妈缓解高强度育儿带来的疲累，这也解释了为什么许多采取母乳喂养以及亲密养育法的妈妈认为她们的育儿选择让生活变得更加容易，而非变得更困难。亲密养育法虽然看起来工作量很大，但是妈妈们往往能感到这种育儿方式其实让她们轻松许多。

我总是忙忙碌碌，做事往往太过投入，很难分清事情的主次。母乳喂养迫使我腾出时间，放松下来，好好享受和宝宝在一起的时光，将一些不那么重要的事情缓一缓。母乳喂养让我意识到，其他的事是可以等的，而频繁给宝宝喂奶的日子很快就会一去不复返，我的宝宝一生中只有这个时候有吃奶的需求，而我一生中也仅有这个时候很荣幸能满足这个需求。

> • **亲密小贴士**
>
> **工作与母乳喂养**
>
> 对上班族妈妈来说，母乳喂养带来的激素优势尤其有帮助。妈妈在外紧张忙碌一天后回到家，可以通过给宝宝喂奶放松心情，与宝宝重新建立亲密关系。

科学依据表明：享受激素的帮助

如何让体内激素水平保持高位？研究成果表明，妈妈喂奶越多，体内的催乳素水平越高。催乳素的生物半衰期很短，大约半小时，这就意味着喂奶后半小时内，催乳素会降低50%。而催产素的半衰期更快，只有几分钟。这些生化现象告诉科学家们，妈妈和婴儿天生就应该频繁地哺乳和吃奶。宝宝吃奶越频繁，妈妈的乳汁供给就越好，激素带来的优势就越明显。

母乳喂养帮助你成为宝宝的专家。 母乳喂养是一项读懂宝宝意思的练习，其成功与否取决于你有没有学会读懂宝宝的暗示，这意味着你必须用大量的时间关注你的宝宝，而不是关注时钟。宝宝给出暗示，然后你就可以决定什么是恰当的回应。如果他的小嘴张张合合，搜寻着乳头，你就让他衔乳吃奶。如果他啜泣，而你又不知道是什么问题，你可以试着拍拍他的背，抱着他走走，如果那样还不能让他平静下来的话，你可以换个姿势试试，或者让他吃点奶。每一次对宝宝的暗示做出恰当回应后，你对宝宝的暗示就更有体会，宝宝也更能给出精准的暗示。最后你好像"确定知道"宝宝想要什么，而因为宝宝也在学习着理解自己的需要，他给出的暗示也变得更加清楚。母乳喂养给你很多练习了解宝宝的机会，因为母乳喂养的宝宝每天要吃八到十二次奶，喂奶的时间不分昼夜，间隔往往也不一样，宝宝中午可能要睡三四个小时才想吃奶玩耍，但到了晚饭时间可能每二十分钟就想吃一次奶。你要学会灵活应对，识别宝宝的肢体语言并做出回应。有的时候，宝宝需要吮吸大量的乳汁以填饱自己的肚子，还有的时候，宝宝只是悠闲地吮吸，喝几口乳汁就能平静下来。一位哺乳经验丰富的妈妈曾经告诉我们："看着宝宝在我怀里吃奶的动作，我就能知道他心情如何。"

母乳喂养作为一个帮助妈妈了解孩子的途径，对那些认为自己没有什么直觉的妈妈尤其有用。学习读懂宝宝是一种心智练习，可以建立对自己直觉的信心。最开始，你可能觉得无从了解宝宝是饿了、不高兴了或是有其他问题，但是当你回应越多，你就越能做出更好的回应。作为一个母亲，你如果对自己感觉不错，同时你也相信可以信任自己的宝宝，他就能告诉你他需要什么。

有时候我不得不让宝宝用奶瓶吃奶，当她用奶瓶吃奶的时候，她可以往四处看。而当她在我怀里吃奶的时候，她就会看着我。

母乳喂养帮助你培养同理心。作为父母，你需要培养从宝宝角度看问题的能力，而学会知道宝宝什么时候想吃奶则是产生同理心的第一步。按宝宝的提示喂奶，可以促使你养成透过宝宝的眼睛看待生活的习惯。

作为一名精神治疗医师，我注意到母乳喂养的妈妈们能更好地与孩子共情。

母乳喂养让宝宝和妈妈更健康。宝宝和妈妈身体健康的时候，育儿的一切事情都会变得简单顺利。研究成果表明，母乳喂养的宝宝比配方奶喂养的宝宝更少出现健康问题。吃母乳的宝宝，体内的每一个器官、每一个系统都会运作得更好。母乳喂养就像是每天定时给宝宝注射加强疫苗，提供免疫保护。妈妈的乳汁，就像血液一样，是一种富含对抗感染的活性物质。每一滴母乳中都含有大约一百万个抗感染的白细胞。宝宝在最初六个月里，自身的免疫系统最为脆弱，富含抗体的母乳则填补了这一空白，直到宝宝自身的免疫系统在近一周岁时成熟起来。母乳喂养的宝宝也较少出现过敏问题，其他各类疾病的发病率都会比较低。

我们之前描述了母子通过"暗示—反应"的练习培养了彼此间的默契，这种默契也存在于身体层面。妈妈的身体能回应宝宝的防护需要，免受周围环境中细菌的侵袭。妈妈的身体还会自动调整乳汁里的营养成分，以适应宝宝不断变化的成长需求。

自然生产间隔：游戏规则

制造乳汁的激素——催乳素还能抑制排卵。大多数完全母乳喂养的妈妈发现她们的月经一直到宝宝一岁左右才恢复。这样一来，避孕期延长了，虽然并非万无一失，但这意味着再次生产的间隔有两三年时间。如果要成功延长避孕期，你必须依照下列规则进行母乳喂养：必须不分日夜、频繁、无限制地喂奶（催乳素在凌晨一点至六点期间对宝宝吮吸的反应最为强烈）。你还必须尽量避免使用辅助奶瓶和安抚奶嘴，并且等到宝宝六个月后再开始添加辅食。

成功哺乳的亲密小贴士

此时，你也许会认同我们的观点，认为母乳喂养非常重要，但是你想知道，母乳喂养对你究竟是否适合。亲戚朋友可能与你分享了她们的哺乳经历，告诉你乳头会痛，奶水会不足，而你自己在哺乳过程中可能已经碰到了种种问题。我们有三十年的小儿科临床经验，为许多哺乳妈妈提供过咨询服务，玛莎自己有十八年的哺乳经验，母乳喂养了我们的八个孩子。经验告诉我们，母乳喂养既会带来种种好处，也会带来诸多挑战，成功哺乳的关键就是相信自己可以做到。我们发现，真正享受母乳喂养的妈妈是那些花了时间了解母乳喂养并且寻求相关支持的妈妈。下面是一些建议和资源，帮助你和宝宝的喂养关系有一个好的开始。

阅读相关书籍。比如从头至尾阅读我们的 *The Breastfeeding Book*（《母乳喂养大全》）一书，然后再重点研读一遍其中关于如何开始母乳喂养的章节。这本书包含了许多实用的信息，介绍如何正确地开始母乳喂养，以及如何解决喂养中的各种问题。我们相信，信心是成功母乳喂养的重要组成部分，所以 *The Breastfeeding Book* 一书中也探讨了情感问题，可以帮助你以积极的态度看待母乳喂养。

如何与用奶瓶吃奶的宝宝变得亲密

奶瓶喂养的妈妈也可以像母乳喂养的妈妈那样和宝宝亲密吗？我们认为是可以的，但是这要求妈妈有意识地做出更多努力，因为奶瓶喂养的妈妈不能得到哺乳所带来的生化刺激。记住，无论是用奶瓶还是喂母乳，喂奶本身都是对宝宝的照料和滋养。尽管用妈妈的乳房喂奶是婴儿喂养的原始模式，但是也可以用遵循母乳喂养蓝图的方式来进行奶瓶喂养。

根据宝宝的提示喂奶。喂养不仅仅是提供营养，还是一个社会学习的时机。婴儿每天需要很多次"暗示—反应"模式的学习，在这种模式中，婴儿发出一个信号，妈妈就会知道他饿了，然后给他食物。奶瓶喂养的妈妈可能想要给孩子安排三到四小时喂一次的时间计划，因为配方奶粉比母乳需要更长的时间来消化，所以让喝配方奶粉的婴儿按时间表吃奶，并减少频率更加容易。如果你是母乳喂养，那么要经常喂你的宝宝：新生儿和小婴儿每天喂八到十二次。少量而频繁的喂养不仅有利于母婴之间的亲密，也有利于婴儿尚不成熟的消化系统的发育。

放下对溺爱的恐惧。对母乳喂养的妈妈来说，对宝宝的哭声变得敏感是比较容易的。因为宝宝的哭声经常会刺激妈妈的泌乳反射，所以她有很强的生理动机去抱起她的宝宝并给他喂奶。然后宝宝可以决定他是需要填饱肚子，还是需要让自己舒服，或是靠喝几口奶进入睡眠。当用奶瓶喂养时，妈妈必须更多地考虑宝宝的反应："宝宝饿了吗？我要去厨房拿一瓶奶吗？或者他只是需要吮吸就好——奶嘴在哪里？也许他的肚子太饱了，他需要打嗝。"面对这么多的可能，奶瓶喂养的妈妈可能需要更长的判断时间才能做出正确的反应。即使宝宝一直在哭，妈妈也可能没法去理会，因为她要准备奶瓶，或研究可能由配方奶粉引起的宝宝的肠道不适问题，又或是宝宝可能需要辅助其打嗝。这样将宝宝拒之门外，妈妈就无法更好地了解他，反而更容易接受"婴儿教练"中让宝宝哭个够的建议。因此，我们发现，奶瓶喂养的妈妈不得不更加努力，才能对宝宝的哭声做出持续而敏感的反应，克服对溺爱宝宝的担忧。

奶瓶喂养时像母乳喂养一样抱着宝宝。 除了给奶瓶以外，还要给宝宝妈妈爱的眼神、温和的声音和轻柔的触摸。给你的宝宝肌肤接触的温暖，就像他在被母乳喂养时会经历的那样。喂奶时穿短袖或敞开衬衫，把奶瓶放在乳房旁边，就好像奶是从你的身体里流出来的一样。宝宝吸吮时，不要分散他的注意力，但要注意宝宝喝奶节奏中的停顿时间，这些都是很好的对他微笑或交谈的机会。另外，尽量多进行眼神交流，要让宝宝感觉到奶瓶是你的一部分。

不要使用奶瓶托。 与母乳喂养一样，奶瓶喂养也是一项互动活动——宝宝吸吮奶瓶时需要有大人的陪伴。你需要让宝宝知道是一个人而不是奶瓶在喂他，不照看着宝宝吃奶是很不安全的，因为宝宝有可能会呛到。此外，宝宝如果含着奶瓶睡着了，牙齿会浸在含糖的配方奶里，容易造成蛀牙。

实践其他亲密养育要素，特别是"戴"着宝宝。 你与宝宝之间绝不仅仅是如何喂养的关系，与宝宝保持联结最好的办法就是多和他在一起——刚出生就在一起，睡觉时在一起，对他的哭声做出回应。将宝宝"戴"在身上是了解宝宝、保持联结非常实用的方法。宝宝依偎在你的身上，有助于培养亲子之间和谐的感受，帮助父母放松，享受与宝宝在一起的时光。

不要对自己太苛刻。最重要的是，不要因为自己选择奶瓶喂养或因为母乳喂养不成功而担心自己不是个好妈妈，或者担心与宝宝不够亲密。母乳喂养只是整个亲密养育法的一部分。比起生理因素，母乳喂养更大程度上是靠行为来建立亲密关系的，这些行为是你在用奶瓶喂宝宝时可以模仿的。因此，不要让他人的评价左右你，使你对不喂母乳而感到歉疚，不管什么原因，这是你自己的选择。至于你对宝宝的疼爱和照料，可以用很多其他方式来表达。

加入国际母乳协会。母乳喂养的妈妈最需要从其他妈妈那里获得支持，母乳协会的刊物里介绍了许多妈妈的母乳喂养经历，这些故事让你更加意识到自己"哺乳妈妈"这个身份。母乳协会的小组会议是很棒的支持来源，你可以在那里分享小宝宝给你带来的喜怒哀乐。母乳协会的辅导员可以电话解答你的疑问，并且向你介绍社区里的哺乳信息资源（参见本章"长期母乳喂养的好处"一节中的"母乳喂养信息来源"，了解如何联系本地的母乳协会小组）。

咨询哺乳专家。在产后第一天或第二天，雇用一个专业的哺乳顾问对你进行哺乳指导是很值得的。哺乳顾问可以向你演示正确的喂奶姿势以及宝宝的衔乳技巧，避免你乳头疼痛，并让宝宝能吃到尽可能多的乳汁。大多数哺乳"失败"是因为妈妈没有及时得到正确的建议。哺乳问题在最初几天里是最容易解决的，因为那时宝宝还没有养成不良的衔乳和吸吮习惯（参见本章"长期母乳喂养的好处"一节中的"母乳喂养信息来源"，了解如何联系专业哺乳顾问）。

一位资深亲密养育型妈妈在她病房里的婴儿摇篮上贴了一张便条，上面写着："因为我不希望我的宝宝养成不良的吮吸习惯，请不要给他喂奶瓶或让他使用安抚奶嘴。谢谢！"在这个问题上，她的立场非常坚定！

教会宝宝如何有效衔乳。母乳喂养早期最常出现的问题就是宝宝没有学会有效衔乳吸吮。有些宝宝天生就能吸吮得很好，但是还有些宝宝的舌头或嘴唇放置位置不对，吸吮不到足够的乳汁，妈妈的乳头也会疼痛，这种情况会让妈妈感到失败。实际上只要宝宝衔乳正确，喂奶是不应该疼痛的。因此，一开始就密切关注宝宝衔乳和吮吸的方法，可以避免以后出现诸多问题。

我本来以为母乳喂养是自然而然发生的事，但我很快就意识到，成功的母乳喂养是有技巧的。在最初几周里，我女儿夏安不能很好地衔乳吸吮，我的乳头开始充血，疼痛不已，让我每次喂奶时都心生恐惧。我和女儿都深感挫败，我这个做妈妈的自信心也受到了很大的打击。后来，直到我们雇用了一位哺乳顾问训练夏安正确地衔乳吸吮，母乳喂养对于我们来说才变成一件愉快的事。

根据宝宝的提示，频繁地喂奶。新生儿吃奶很多，每二十四小时要吃八至十二次。他们的胃很小，很快就能清空，所以他们不分昼夜地感到肚子饿。同时，新生儿要靠吃奶获得平静，帮助入睡。频繁地喂奶对你保持乳汁供给也很有帮助。研究结果表明，在产后最初几天或几周里频繁地喂奶可以使你在宝宝长大一些后能有充足的乳汁供给。乳汁的分泌是遵循供需原则的：宝宝要得越多，你就能提供得越多。你也不用担心喂奶后要等乳房再次充盈才能喂奶，因为你的乳房在宝宝吮吸的同时就能够分泌出乳汁。而且请记住，宝宝吃奶不但要吃"大餐"，还喜欢来点"零食和甜点"。如果宝宝刚吃完就又想吃，也许是因为他想再吃一点点或者想再吮吸几下，这才获得满足并安然入睡。

远离不同意见者。如果在你生活的世界中，所有妈妈都用母乳喂养她们的宝宝，那么基本不会有反对的声音传入你耳朵。你可以创造这种环境，让自己身边都是支持母乳喂养的朋友。你无须听到"也许你奶水不足"之类的话，离说这种话的人远远的，或者在听到后立即转移话题。类似那样的评论可能会造成你对自己的乳汁供给产生怀疑，很快你会将宝宝哪怕一点点的动静都归因于他没有吃到足够的奶，然后，你就会添加辅助奶，这样宝宝吃的母乳少了，你的乳汁分泌也就随之减少。所以如果你认为自己奶水不足，你的表现就会像奶水不足一样，最后，你的奶水会真的不足。

科学依据表明：
是"留守"还是"携带"？亲密养育法的生物学线索

每一种哺乳动物乳汁的营养成分里都包含了该物种幼崽如何被照顾的线索。有些物种的雌性因外出捕猎需要长时间离开它们的幼崽。大部分哺乳动物属于间歇性接触物种，雌性产的乳汁中脂肪含量和热量特别高，这样幼崽一天只需要吃一两次奶。相对而言，人类的乳汁脂肪含量和热量较低，这意味着

> 人类的婴儿天生需要频繁地吃奶，因此，人类是持续性接触的物种。
>
> 人类在动物界的近亲是灵长类动物，而灵长类动物的雌性常常抱着她们的宝宝，全天候地喂奶。人类学家将以上两种育儿方式戏称为"留守"（指长时间独自留下幼崽）和"携带"（幼崽被一直抱在怀里，频繁地吃奶）。

选择了解并支持母乳喂养的医护人员。大多数医护人员都会认同母乳最好这个观点，但你需要查明他们言行一致的证据。同时，让你的医护人员知道母乳喂养对你很重要，你需要有人帮你解决母乳喂养的问题，而不是仅仅提供奶瓶喂养的建议。在医护人员的实践中，有没有聘用过哺乳顾问或者是否有哺乳顾问加入过？有多少妈妈在践行母乳喂养？她们母乳喂养了多久？医生自己有没有母乳喂养的经验？

对自己有信心。有的妈妈会在产前检查时说："我会试试母乳喂养。"这个"试"字透露了她心中的疑虑。你要有信心，相信你的身体可以母乳喂养。母乳协会经常宣传：母乳喂养是一场信心游戏，相信自己可以母乳喂养，你就能成功。

做出承诺。许多初为人母的妈妈没有想到母乳喂养并不总是水到渠成的事。有些宝宝需要别人教会他们如何正确衔乳吸吮，有些妈妈需要支持和帮助才能获得充足的乳汁。你身边那些有丰富哺乳经验的妈妈，或许在刚开始时也不得不经历一段困难时期，在最初两三周里碰到过种种难题。母乳喂养确实能够成功，但是有的时候，出于某种原因，有的

第五章 母乳喂养

妈妈和宝宝在开始时会十分困难。这些困难可能源于妈妈分娩和宝宝出生时的困难，也可能来自宝宝嘴巴或妈妈乳头出现异状，或者是其他不明缘由。做出"三十天自由试错"的承诺，因为许多在头两周里就试图放弃母乳喂养的妈妈发现，在专业人士的帮助下，问题在第三周或者第四周能得到很好的解决，之后母子之间就能享受长期而愉快的母乳喂养关系。

刚当上妈妈的那两个星期只能用糟糕来形容，母乳喂养对我和女儿来说困难重重，我不知道怎么让她正确衔乳，她也不知道该怎样正确吸吮。我的两个乳头都裂开出血了，哺乳一点都不愉快。然后，我们做了一项这辈子最好的投资——请了一位哺乳顾问到家里来。哺乳顾问发现女儿只是将我的乳头含在嘴巴前部进行吮吸，而不是将乳头深深含住，所以顾问就用她的食指训练我的女儿如何正确衔乳。她还告诉我，偶尔我也可以用食指帮助女儿巩固正确的衔乳方式。自那以后，一段美好的母乳喂养关系拉开了序幕，之前我从未意识到哺乳如此美妙。老实说，如果不是这样一位经验丰富的哺乳专家培训我，不是她让我确立信心，然后帮我成功做到，我和女儿就会错失这段非常有意义的母乳喂养经历。

◆ ◆ ◆

我生第一个儿子的时候是顺产，产后我与他有许多建立早期亲密关系的时间，我也努力地让他吃母乳。尽管如此，他衔乳吃奶还是很困难，导致体重下降很多，我们不得不用奶瓶给他喂配方奶。有那么一两天他是完全吃配方奶的，因为我实在精疲力竭，对喂奶失去信心了。但是，我还是想母乳喂养，所以就使用哺乳辅助器，开始教儿子吃母乳。（哺乳辅助器也被称为SNS——辅助营养系统，在宝宝学习如何正确吸吮妈妈乳房时，通过一根细管输送奶水。）教儿子吃奶的工作漫长而艰难，有许多人奇怪我为什么那么坚持，我自己也常常想知道为什么。

有一天下午，我姐姐带着她四岁半的儿子来看我，她的儿子是母乳喂养的，长得胖乎乎的。我们一起坐着聊天的时候，姐姐开始给她的儿子喂奶，小家伙吸吮了一会儿，嘴巴离开乳房，伸手触摸妈妈的脸，对她露出开怀的笑容。我当时就想："我也要这样，这就是我现在如此努力进行母乳喂养的原因。"我意识到，我为母乳喂养做出的努力，并不是为了这几天，而是为了让儿子全年吃到母乳（事实证明，远远不止一年）。如果我当时就放弃，之后就不会有机会了，所以我坚持了下来。不久，我的儿子也真正用母乳喂养了——宝宝很讨喜，喜欢在我怀里微笑，母乳喂养变得很简单，一切努力都是值得的。

眼光要长远。我们主张，父母考虑母乳喂养不应以月为单位，而是以年为单位。在西方社会文化中，母乳喂养仅仅几个月是普遍现象。但是，我们所了解到的原始文化中的母乳喂养，以及其他哺乳动物的断奶时间都表明人类婴儿应该母乳喂养几年。如果你的宝宝刚刚出生，你或许还没有想过给宝宝喂奶喂到他能走路，但是，你很快就会意识到，不能仅将母乳喂养看作将营养传给宝宝的过程，还应看作有效育儿方式的第一步。

长期母乳喂养的好处

我听到不少准妈妈说:"我可不想让孩子快两岁了,还拉扯我的衬衫,嚷着要吃奶。"而我可以高兴地告诉你们,许多这样说过的妈妈后来都母乳喂养到孩子会跑会跳了。不试过,怎么有发言权呢?长期母乳喂养是亲密养育法的一个特点,这个特点与西方文化中盛行的育儿方式有所不同。但是,如今关于断奶的主张已经开始改变,改变的原因如下。

专家的建议。 1990年,当时的卫生部部长安东妮娅·诺弗洛博士这样写道:"我认为,能够吃奶到两岁的孩子是非常幸运的。"如果你留意这些年来美国儿科学会关于营养的建议,就会发现对延长喂奶时间的支持越来越多。该学会在1997年关于母乳喂养的声明中,提出"母乳喂养要持续至少十二个月,此后如果母婴双方都乐意,可以继续进行下去",而世界卫生组织建议母乳喂养至少两年。所以,如果你的朋友不明白这个道理,竖起眉毛对你说:"什么?你还在喂奶?"这时候,你只要告诉他们你在遵循专家的建议。

母乳喂养信息来源

* 威廉·西尔斯与玛莎·西尔斯新合著 The Breastfeeding Book: Everything You Need to Know About Nursing Your Child——From Birth Through Weaning(《母乳喂养大全:让您了解从宝宝出生到断奶的一切哺乳知识》,布朗出版社,2000)。

* www.breastfeedinginfo.com,该网站由哺乳顾问运营(玛莎也是顾问之一),为哺乳妈妈提供有用的在线信息,包括对常见哺乳问题的疑难解答，演示哺乳姿势与宝宝衔乳技巧的短片，以及对克服母乳喂养问题的支持。

* 国际母乳会。母乳会为哺乳妈妈提供支持与信息，可以通过邮箱（Meeting@muruhui.org）或网站（www.muruhui.org）与该组织联系，找到您所在社区的领导者或小组。您也可以获取相关书目、吸奶器以及其他母乳喂养用品。他们的网站上还包含对哺乳常见问题的解答。

* 国际哺乳顾问协会：+1（708）462-2808（电话），www.ilca.org（网址）。

妈妈的话。关于喂奶直到孩子会走路的主张，真正的专家是那些身体力行的妈妈。她们继续给能走能讲的小人儿喂奶，原因往往很实际："喂奶可以疗愈小伤口。""这是我唯一能坐下的时候。""如果不是喂奶，我不知道如何让她入睡。"幼儿在学步早期开始拓展边界，但常常会遭遇挫折，妈妈们发现喂奶有助于安抚受挫的幼儿。同时，母乳喂养还可以帮助妈妈和学步幼儿在不断发生冲突时重新建立联系。对许多妈妈来说，她们之所以继续母乳喂养，原因很简单，就是她们不能想象断奶后的情景："吃奶对我的女儿很重要，可以给她带来情感上的幸福感，我怎么能拒绝她吃奶的要求呢？"

科学依据表明：
长期母乳喂养对健康的益处

最近几年里，众多的研究都得出了同样的结论：妈妈哺乳的时间越久，母乳喂养对宝宝和妈妈的健康作用就越大。有研究将母乳喂养时间与智力发展联系起来，发现宝宝吃母乳的时间越长，智力上的优势就越大。中国最近的一项研究表明，哺乳两年的妈妈患上乳腺癌的概率会低50%。

趣味性。听学步幼儿说起他们与妈妈之间的喂养关系，是一件很有趣的事。你的学步幼儿会用自己的方式，以自己的语言让你知道他想吃奶了。父母在家里提到喂奶时要注意选择用语——确保幼儿可以在商场或教堂里大声说出来而不会让你尴尬。比如，大多数妈妈会更喜欢"吃奶奶"的说法，而不喜欢"吃奶了"。我们听过的亲昵说法还有"好吃的""喝奶奶""妈妈""奶奶"。有个小家伙依偎着自己，想要吃奶，还有什么事能比这更让一位妈妈感到开心呢？

长期母乳喂养会带来美好的回忆。许多两岁以后还吃母乳的孩子长大后也能够记得自己在妈妈胸前吃奶的情景，这是值得你们两个人共同珍惜的记忆。

不要机械地按照时间表哺乳

按照时间表喂奶是"婴儿教练"所宣扬的危险主张，有些"婴儿教练"还提倡让宝宝一直哭的育儿方式，他们建议的育儿做法会让宝宝明白：是爸爸妈妈，而不是自己说了算。但是宝宝要为这种考虑不周的喂养方式付出高昂的代价。只有宝宝才知道自己什么时候需要吃奶。（如果你饿了,你也不需要其他人来告诉你,对吧?)身体的机能就是通过吃来满足饥饿感,如果父母忽视宝宝的饥饿信息,而看时钟喂奶,宝宝就会认识到自己的饥饿信号是不可靠的。对一个孩子来说,养成这样的饮食习惯是不健康的,宝宝甚至会不再要求吃奶,他的成长和体重增加会因此受阻,与父母的关系也会受到负面影响。(本书第235—236页,讲述了一个按照时间表喂养的宝宝未能茁壮成长的故事。)

除了影响婴儿的生长发育,喂奶时间表还会导致哺乳妈妈不能分泌足够多的乳汁。乳汁分泌遵循供需原则,即宝宝吃得越多,妈妈泌乳越多。当两次喂奶间隔过长的时候,乳汁分泌速度就会变慢。还有个有趣的现象:两次喂奶间隔时间越短,人类的乳汁中脂肪含量就越高。频繁的喂奶让宝宝可以获得更多高脂肪的乳汁——含有许多成长需要的热量。

有关婴儿成长及母乳分泌的研究表明,按需喂养的宝宝有着非凡的能力,他们可以自己决定需要多少母乳才能保证自己的成长,妈妈的身体也将对宝宝的需求做出回应,分泌出宝宝需要的乳汁量。喂奶时间表则会损害这个精密的系统,还会妨碍父母与宝宝之间学习相互信任的过程。

> **• 亲密小贴士**
>
> 避免定时喂奶;看宝宝,不要看时钟。

第六章

"戴"着宝宝

第六章 "戴"着宝宝

宝宝应该置身何处？我们相信，小宝宝大部分时间都应该在父母的怀抱里，无论父母身处何方。这也是为什么我们会成为婴儿背带的超级倡导者。婴儿背带是一个简单的布制婴儿携带工具，可以让婴儿贴近妈妈或爸爸的身体。不仅出门时你用得着它，在家里也同样可以使用。背带兜着的宝宝就像是穿戴在你身上的衣物——所以我们将这种育儿方式称为"戴"着宝宝。

"戴"着宝宝的美妙之处在于你们之间获得的亲密——真实的亲密。宝宝被兜在背带里，无论你是在家里检索垃圾邮件、铺床叠被，还是准备一日三餐时，宝宝都一直跟着你。当妈妈或爸爸出门散步时，宝宝也会同行，但不是坐在婴儿推车里，而是被兜在背带里。如此一来，宝宝就能成为父母日常活动的一部分，带来的好处就是你们可以一直了解对方，也一直享受在一起的美好时光。

我们喜欢收集其他文化中关于父母"戴"着宝宝的故事。我们的一名病人从巴厘岛回来后，对我们讲述了她在那里看到的"触地仪式"。巴厘岛的宝宝在出生后的头六个月里，整天都被妈妈或其他家人用背带"戴"在身上，宝宝只有在睡觉的时候才会离开大人的怀抱，但是他们还是会睡在妈妈身边。这六个月里，宝宝完全不接触地面，等宝宝六个月了，大人们就会举办一个触地仪式，将宝宝放在地上，让他们第一次接触地面活动。这个仪式表示，宝宝很快就能爬了，终于不用再被妈妈"戴"在身上了。

背景介绍

将宝宝"戴"在身上，和亲密养育法的其他组成部分一样，都不是全新的主张。在过去的几个世纪里，全世界许多文化中的女性使用各式各样的背带和披肩，将她们的宝宝"戴"在身上。经验告诉她们，宝宝在妈妈或其他关爱他们的人怀里是最快乐的。相对来说，婴儿推车倒是新发明，只是在现代才开始使用，当时"专家"建议妈妈不要过于关注宝宝，以免"惯坏"他们。

在过去的几十年里，我们学到了很多关于"戴"着宝宝的知识，这个学习过程是从我们第四个孩子海登出生时开始的，因为海登只有在被抱着的时候才会高兴。一直以来，我们试验了各种不同的婴儿携带工具，我们教导新晋父母使用柔软的前背带，从宝宝出生开始一直用到宝宝学步。这些年里，我们观察了许许多多将宝宝"戴"在身上的家庭，进而相信，"戴"着宝宝这个古老的主张，是盛行之时了。将宝宝随身携带着，去他们熟悉的地方，让他们靠在妈妈或爸爸的背部或者依偎在妈妈的胸前，可以让父母在忙碌的生活中得以保持与宝宝的接触。我们发现，在众多携带工具中，婴儿背带尤其易于使用，并有多种用途。

将宝宝"戴"在身上的基础知识

市面上有各种不同的婴儿携带工具,根据我们的经验,背带式的携带工具使用起来最简单、最舒适,用途也更多样。婴儿背带设计简洁,脱卸容易,它效仿了许多传统文化中的背带式样,如将婴儿系在妈妈背部或臀部的背带、将婴儿托在妈妈胸前的背带。背带不仅可以用在新生儿身上,还可以用来兜住大宝宝和学步幼儿。宝宝在背带里可以有各种不同的姿势,而大多数姿势都能让宝宝与妈妈或爸爸进行眼神交流。

婴儿背带产品会附有使用说明,指导你如何在宝宝的不同生长阶段使用背带。你可以将这些建议的姿势作为敲门砖,然后按你和宝宝的需求进行微调。

摇篮式或偎依式是让新生儿感到最舒适的抱法。在摇篮式抱法中,宝宝侧身横在你的胸前,与背带的纵长方向对齐。宝宝可以横躺,也可以半直立。半直立的时候,宝宝的头可以探出背带的上缘。如果你反穿背带,背带的肩垫则有助于稳住新生儿的头部。

在偎依式抱法中,你竖直兜着宝宝,让他的头部位于你的双乳之间,肚子紧贴着你的腹部。具体做法是将宝宝举高到胸前的位置,轻轻让他的臀部进入背带,并拉出背带的上边缘,罩住宝宝,然后系紧背带的下摆,让宝宝稳稳地偎依在你的身前。小宝宝可能会喜欢把脚蜷缩在背带里面,而大宝宝可以坐着,两只脚垂到背带外面。

在学习使用背带的过程中,你需要记住以下几点。

● 需要多加练习。你可能在开始使用的时候觉得有点别扭,也不知道宝宝是不是真的感到舒适,如果宝宝开始哭闹,你会更加怀疑他的舒适度。但是，你要坚持，背带可以为妈妈提供太多的方便，即使学习使用它并让宝宝乐于接受它有些麻烦，但一切努力都是值得的。

● 开始的时候就将背带当作你衣着的一部分。如果你在一早穿衣的时候就穿上背带，你就会记得用它，记得将宝宝放进背带，而不是放在别的地方。所以，这是让你和宝宝适应背带的好方法。

● 将宝宝放进背带里，一旦确定他坐安稳了，就立即开始走动，身体的动作有助于安抚宝宝，帮他适应他的新窝。如果你静止不动，宝宝可能会开始哭闹。此外，你在走动的时候，可以轻拍宝宝的屁股，进行安抚。

● 一定要根据自己的身材调整背带。宝宝窝在你怀里的位置应该正好在乳房下方，让你的腰部和双肩承担宝宝的重量。如果你将背带穿得太低，你对宝宝的姿势会不好把握，而且你的双肩和下背部会承受更多的重量。

● 背带应该服帖地兜住你的宝宝，拉紧穿过环扣的下摆，让背带收紧，在采用偎依式抱法时，将下摆松着的部分塞到你的胳膊下面，使下摆可以紧贴着宝宝的背部。你可以在宝宝进入背带后对背带加以调整，调整时，一只手托住宝宝的重量，另一只手整理背带。

● 对于正在啼哭的宝宝，你没有必要等到安慰好他之后，再用背带兜着他。你可以在抱着宝宝的时候腾出一只手将背带套过头顶穿上，再将宝宝轻轻放好位置，然后就可以兜着他走动了。

● 在宝宝成长的过程中，尝试不同的背带姿势。许多三到六个月的宝宝喜欢面朝前地坐在背带里（袋鼠式携带法），这样他们就什么都能看到了。等宝宝有能力自己坐起来的时候，他们也可以跨坐在背带里——这是经典的婴儿背法，这样的姿势"戴"着宝宝更简单。

- 用背带兜着宝宝的时候，如果你需要从地上捡东西，可以用一只手稳住宝宝，膝盖弯曲下蹲，而不是弯腰下蹲（这样做不但对宝宝来说比较安全，也不会对你的背造成损伤）。

- 学会在用背带兜着宝宝的时候给他喂奶。某天，当你在超市排队时，你会庆幸自己已经提前在家练习过了。

- 挑选你喜欢的背带的颜色和式样，如果你知道自己穿着很好看，你就会更高兴。当然，也要考虑到爸爸对背带的喜好。

将背带放在顺手的地方——挂在门后的钩子上、搭在厨房的椅子或是卧室的门把手上，这样，你就可以抓起背带——装上宝宝——立即出发了！如果你比较健忘，可以在车里也放一个背带，以备不时之需。

1989年，我（威廉）在一个来自世界各地的父母们参加的大会上发言。会议期间的一天，我用背带兜着小史蒂芬，身边站着两位来自赞比亚的妈妈，她们的宝宝也被兜在背带里。我问这两位妈妈，为什么在她们的文化中，父母大多数时候都会将宝宝"戴"在身上，一位妈妈回答："这让妈妈省事。"另一位则回答："这对宝宝好。"这两位妈妈还向我描述了她们"戴"着宝宝时的完整感，并且说这样可以提醒她们自己作为妈妈的重要性。这些妈妈将她们的文化传统铭记于心，因为传统告诉她们，"戴"着宝宝对妈妈和宝宝都好。

"戴"着宝宝，好处多多

多年来，我们一直在研究将宝宝"戴"在身上的好处。我们与数百对父母进行了交谈，试图了解他们钟爱这种育儿方式的原因。这些父母给出的原因往往都归于两位赞比亚妈妈说出的那两个简单而深远的好处：对宝宝好，让妈妈省事。这些父母也讲述了"戴"着宝宝给他们的家庭带来的许多具体的好处。下面看看现代父母是如何利用将宝宝"戴"在身上的方法，让自己的生活更简单，也更加享受与宝宝在一起的时光的。

安抚宝宝

我诊所里的父母们经常说："只要我兜着他，他就高兴了！"甚至是那些爱哭闹宝宝的父母也发现，被兜在背带里的时候，爱抱怨的小家伙好像会忘记哭闹。这不仅仅是我个人的印象。1986年，蒙特利尔一个由儿科医生组成的研究小组对九十九对母婴进行了研究，他们要求其中一半的父母每天至少多抱宝宝三个小时，即使在宝宝没有哭闹的情况下也抱着他们，研究人员为这组父母提供了抱宝宝的工具；另一半父母是对照组，研究人员没有对抱宝宝提出特别要求。六周后，研究人员发现，被抱时间多的那组宝宝，哭闹的次数比对照组的宝宝少了43%。

关于其他文化中育儿行为的人类学研究对此提供了进一步的证明。在一些文化中，婴儿大多数时间被大人"戴"在身上或抱在怀里，夜里睡在妈妈身边，这样的婴儿很少出现持久啼哭的情况。在西方文化中，婴儿的啼哭以每天几小时来计算，而在这些文化中，婴儿每天的啼哭是以分钟为单位的。我们会认为婴儿哭得多是正常的，但在其他文化中并非如此。将宝宝"戴"在身上的做法，让"先进文化"中的父母有机会发现其他文化早已发现的事实：抱着或"戴"着宝宝可以大大减少宝宝的哭闹。

非常时期的"背带时刻"

等我们的宝宝过了"哭闹着紧紧抓住妈妈的腿"的学步阶段，我们就不在午睡前或晚上睡觉前用背带兜着他们走动了。但是我们在他们两岁之后仍然在手边备了一个背带，因为我们发现，有的时候，对表现不好的孩子，不需要让他们"暂停"，而是需要让他们"进入"背带里来。在背带里待上几分钟，可以安抚因为生活中的种种挑战而不能控制自己的孩子。如果我们的学步幼儿中有谁表现得不太好（学步幼儿会这样表现是很正常的），我们就会宣布："你需要背带时间了。"

以这种曾经很熟悉的方法与妈妈或爸爸重新建立联系，可以让宝宝的压力慢慢消失，还可以促进他们的自信心。两岁的孩子开始有自己的主张了，但内心还有小婴儿的一面，偶尔像对待婴儿一样呵护他们，可以使他们变得更好相处。

在最初几个月里，将宝宝"戴"在身上的做法对于得了疝气的宝宝特别有帮助。这些宝宝好像能积聚自己所有的能量，在傍晚迸发出一场持久的哭闹，这些"傍晚焦躁娃"往往能让父母的神经几近崩溃，父母的自信也会受到巨大的打击。如果你能提前为这个哭闹时间做好准备，用背带兜着宝宝出门散散步，就可以有效地防止宝宝哭闹。清新的空气和有节奏的走动可以安抚宝宝入梦乡，你也因此做了运动，感到身心舒畅，这有助于你应付之后可能出现的任何状况。

> 我发现，对住公寓的家庭来说，背带是父母的大救星，因为宝宝的哭声会穿透墙壁，吵到别人。背带让我的宝宝保持安静，不会干扰我的学生邻居们。

让宝宝学会如何满足

在描述将宝宝"戴"在身上的好处时，你可以说，是因为熟悉，所以满足。宝宝要感到满足，就必须有条理，也就是说，他能够关注某些刺激信息，而屏蔽其他刺激；他能够长时间地处于安静而警觉的状态；他能够在肚子饿的时候关注吃奶，在犯困的时候就睡觉。子宫为宝宝提供了充分的条件，让宝宝可以有条理地做到以上这些：营养通过脐带源源不断地进入宝宝的身体；宝宝永远不会感到过冷或过热；宝宝的四肢处于控制之中，因为没有空间让它们乱动；宝宝可以听见妈妈的心跳，感受到妈妈的呼吸，还因为妈妈身体的动作而被轻轻摇晃，妈妈的节奏就是宝宝的节奏。出世暂时打破了宝宝在子宫里有条理的生活，失去了子宫的支持，宝宝难以保持平静，因为已习惯子宫里的生活，所以宝宝都喜欢自己被裹着。而将宝宝"戴"在身上的做法，让宝宝在出生后有了外部适应系统。爸爸走动时的节奏唤起了宝宝对子宫生活的回忆，起到安抚的作用；宝宝偎依在妈妈的胸前，听着妈妈的心跳，感受着妈妈极有规律的呼吸，也分外熟悉。父母的节奏再次成为宝宝的节奏。另外，背带本身也控制了宝宝的四肢，使宝宝不会因为自己的动作而感到不安。宝宝长大一些后，特别是身处陌生环境或是在陌生人面前时，仍然需要靠近父母的身体，重温以前熟悉的亲近感和安全感。稳趴在妈妈的背部或胸前，宝宝对新事物就不会那么害怕了。

宝宝不习惯一个人独处，也不习惯静止的状态。如果刚出生的宝宝大多数时间都平躺在婴儿床上，父母只在他们需要喂奶和安抚的时候才走进他们的房间，在喂奶和安抚结束后又会离开，处于这种情况中的宝宝会怎样呢？他们最终会找到办法让自己变得有条理，让自己可以适应新环境，但是，因为没有父母在场调节，宝宝会发展出一些行为，例如大声哭闹、漫无目的、剧烈动作，或者自我摇摆等。这些行为会耗费大量的能量，而这些能量本来可以更好地用于生长。一些宝宝睡眠紊乱的现象也可能表示，宝宝与妈妈之间不自然的距离已经对他们的生理产生了干扰。

作为一个心理学家，我见到许多大孩子和成人都在"感觉—运动"整合上存在问题。我在想，被"戴"在背带里的宝宝，是不是因为感到自己完全融入了父母的感官世界，长大后才更有能力做出恰当的"感觉—运动"适应反应。

运动中的生命：前庭连接

前庭系统控制宝宝的平衡感，将宝宝"戴"在身上，对宝宝的前庭系统有好处。宝宝每只耳朵的中耳后面有三个微小的器官，像木工的水平尺一样，控制宝宝的内在平衡感，一个器官跟踪左右动作，一个跟踪上下移动，第三个则跟踪前后移动。每次宝宝移动时或被移动时，这些"水平尺"里的液体就会冲击小小的像头发一样的纤丝，纤丝随之振动并向大脑发出信号，帮助宝宝平衡身体。

宝宝被"戴"着的时候所经历的轻微运动能够刺激他们的前庭系统，科学家们发现这种刺激能帮助宝宝更好地呼吸和生长，调节宝宝的生理，并促进宝宝的运动发育。这些作用在早产儿身上特别显著。有些宝宝自己会意识到，他们需要前庭刺激，所以在不能享有刺激的时候，他们往往会试图让自己动起来，因而出现自己摇晃的行为。

经常被抱着的宝宝，特别是那些经常被妈妈兜在背带里和妈妈一起活动的宝宝，可以获得许多前庭刺激，因为他们随着妈妈的动作有各个方向的运动。相比之下，在婴儿床里平躺几小时或在地板上自己玩耍的宝宝，是不会有这么多前庭刺激的。对将宝宝"戴"在身上持反对态度的人有时候会提出，"戴"着宝宝会让他们没有足够的机会自己活动。其实，他们忘记了，背带里的宝宝一直在不断地适应妈妈的动作，特别是在宝宝长大一些，能竖直坐在背带里的时候，更是这样。

让宝宝了解这个世界

背带里的宝宝哭闹得少了，那他们会做些什么呢？睡觉？不是，是学习！感到满足的宝宝会有更多的时间处于一种安静而警觉的状态，在这种行为状态下，宝宝最能够与其他人产生互动。当然啦，宝宝被兜着的时候，身边就有大人与他们互动，他们能紧密地融入妈妈和爸爸的生活，他们可以研究妈妈的五官，看到妈妈面部表情的变化，也可以听到妈妈听到的声音，甚至还可以分享妈妈的情感，宝宝就是这样学习微妙的人类表情和肢体语言的。宝宝被兜在背带里的时候，也能够对周围的环境有更多的了解。宝宝眼前的景象一直在变,加上他们眼睛的高度接近大人,所以比从折叠车或婴儿推车里看到的景象要有趣得多。

宝宝看着眼前的碗碟在水池里进进出出,在妈妈梳头的时候窥视着镜子里的妈妈,在爸爸洗衣服时随着爸爸的动作上下移动,又在爸爸使用吸尘器的时候跟着前后运动,还在妈妈收拾衣物、整理书架以及铺床叠被的时候从各个角度打量房间……所有这些都是宝宝的学习经历。

毫不奇怪,研究人员指出,被抱得多的宝宝对视觉和听觉刺激更加敏锐。刺激性的环境对宝宝的大脑发育非常重要,有趣的经历能够促使大脑中的神经元生长、延伸并与其他神经元连接,而将宝宝"戴"在身上的做法有助于宝宝发育中的大脑建立正确的连接,这是因为妈妈会帮助宝宝过滤掉不重要的信息。宝宝会将他们在这个世界上的经历视作行为模式,储存在发育中的大脑里。你可以将这些模式想象成无数的小短片,每当类似的情形出现,都会提醒宝宝,小短片就会在宝宝的脑海里重放。举几个例子,妈妈们经常告诉我:"我一抱着宝宝坐到摇椅上,他就会将身体扭到平仰的姿势,头转向乳房,激动地表示要吃奶。我还没来得及解开胸衣呢!""她喜欢待在背带里,自己调整适应各种姿势。"所以,不要急着给宝宝报名参加许多学习班,仅仅是这样整天和妈妈待在一起,他们就能学到很多东西。

下面的文字摘自我们的日记,记录了我们对"戴"着宝宝的行为的一些观察。

宝宝与生俱来就有让自己的身体与妈妈的身体相契合的欲望,将宝宝"戴"在身上,和母乳喂养一样,为宝宝提供了实践这个欲望的机会。宝宝会不断地挪动、调整自己的姿势，直至感到舒适为止。在这个过程中，宝宝开始明白熟能生巧的道理，知道自己尝试得越多，就会感到越舒适。最后，宝宝会以一个感觉良好的姿势安顿下来。如果宝宝大部分时间都平躺在摇篮、围栏或婴儿床里，就享受不到那种舒适感以及努力获得舒适感的乐趣。在最初几周里，宝宝会扭动身躯，使自己的身体与妈妈的身体相契合，由此开始培养满足自己、营造舒适氛围的能力，而那些与妈妈之间有距离的宝宝，是享受不到这类"啊，生活真美好"的感觉的。亲密养育法养育的宝宝一开始的生活就是高标准的，就有要为之奋斗的目标，可以想象，在今后的生活中，这样的宝宝会不断地努力，保持高标准。相比之下，未采用亲密养育法养育的宝宝缺少奋斗目标，也缺少保持高标准的动力，他们的标准也更少。

促进宝宝的语言发展

被"戴"在身上的宝宝话说得更好。我们注意到，他们表现得对大人之间的谈话更专注，好像自己也是谈话的参与者一样。因为宝宝被兜着，耳朵和眼睛的高度都接近大人，所以更能融入大人的谈话，从而学会一项重要的语言技能——听。

科学依据表明：
被抱着的宝宝哭得更少

斯坦福大学的研究人员发现，当看护人抱着宝宝做各个平面上（上下、左右、前后）的运动时，宝宝最容易平静下来，会比只是被左右摇晃的宝宝哭得少。将宝宝"戴"在身上，看护人就能顺利在各个平面上运动，而不是只能站着左右摇晃，这可以为宝宝提供前庭刺激。

四周环境里的声音，如日常生活的喧闹声，对于婴儿来说，可能有学习价值，也可能会造成干扰。如果宝宝独自一个人，声音可能会吓到他，但是当他被兜着的时候，声音就有了学习价值，因为妈妈会过滤掉她认为不适合宝宝的声音，并且在宝宝听到不熟悉的声音或经历不熟悉的事物时，给宝宝一种"不必担心"的感觉。

有位妈妈是语言病理学家，她曾经向我们描述将宝宝"戴"在身上的做法是如何促进宝宝的语言发展的。她是这样说的：

> 作为语言病理学家，我感到，采用亲密养育法，尤其是使用背带，能够极大地促进孩子交流的能力。我和丈夫养育了两个孩子，在他们一个月到一岁期间，我们都使用了背带，所以，他们从出生起就经常能听到大人的谈话，听到爸爸妈妈和其他人的声音。当他们长大到可以在背带里坐直的时候，他们开始观察说话人是如何通过轮流说话和目光接触来进行交流的。当他们听到与喜悦、悲伤、受挫等情感结合的语调模式时，他们也发展了自己的情感；当他们近距离看到说话人的口型时，他们会模仿正确的言语动作，学会准确的发音模式。亲密养育法养育的宝宝很早就开始练习说话和发声，因为语言能力发展得较早，他们能更早地

"储存"更多的记忆，极大地促进了他们早期交流能力的发展。我们六岁的儿子会说两种语言，最近，小家伙表示要再学一门法语，以便可以"和更多的人说话"。我们的两个孩子到目前为止发展得非常好，说话也非常好，我不确定是不是因为我们使用了背带和其他亲密养育的方法，但是，如果我们再有一个孩子，我肯定不会冒险放弃这些有用的方法。

使你成为更细心的父母

这才叫作"密切关注你的宝宝"！宝宝就坐在你的眼皮子底下，你有更多的时间与他建立联系。父母是宝宝的第一任也是最重要的老师，你们之间所有的互动都能够使宝宝变得更聪明。要知道，你"戴"着宝宝忙碌时，宝宝能学到很多东西。

我们不管去哪里，都会用背带兜着她。我做任何事，如洗碗、在沙滩上散步、逛书店、做饭、去动物园玩的时候，都会和她说话，有点像现场解说一样。经常有人看着我，觉得我对宝宝那样说话很奇怪，那时，我就会笑笑，然后继续对着宝宝评论可爱的红苹果或者是飞机的噪声。我们还用很多时间和宝宝一起看书。我的宝宝很早就开始说话了，但我从来没想过要把她培养成超级宝宝，也没有像有些父母那样，让宝宝早早地开始认字、做算术，我只是希望每天都向她展示这个美妙的世界，她也相应地对颜色、声音、质地、数字、音乐、新认识的人和地方着迷。

方便母乳喂养

母乳喂养和将宝宝"戴"在身上这两个亲密养育要素很自然地相辅相成。宝宝需要带着食物去旅行，"戴"着宝宝可以更容易做到这件事。实际上，在许多情况下，用背带"戴"着宝宝让母乳喂养更顺利。

背带中的最佳吃奶姿势

你在尝试各种兜宝宝的姿势时，也可以试验一下在背带里喂宝宝吃奶的姿势。你可以在与宝宝单独在家的时候进行试验，这样一来，当你在人前第一次在背带里给宝宝喂奶时，就不会感到太尴尬。

根据我们的经验，抓握式抱法是在背带里给小宝宝喂奶最简单的姿势。挪动宝宝，让他侧着身体，靠在你远离背带环扣的那一侧胸前，宝宝的头被背带的边缘衬垫支撑在乳房前方，双腿蜷曲在你另一侧的胳膊下面。用那只胳膊稳住宝宝的背部和头部，让他贴近你的胸，另一只手伸入背带托住乳房，让宝宝衔乳。通常，等宝宝开吃之后，你就可以松开托住乳房的那只手，但是另一只手要继续支撑宝宝的背部和脖子，让他保持贴近你。如果宝宝需要你帮助他衔乳，用这种抱法可以让你在帮他时很清楚地看到他在你胸前的动作。同时，背带也有助于让宝宝身体弯曲，使他可以更好地吸吮。在这种姿势下，宝宝不能拱起身子脱离你的胸前，所以他的下巴需要朝下，这样可以放松下颌，更好地吸吮。

随着宝宝的长大、吃奶技术越来越娴熟，你就可以转而使用摇篮式抱法。宝宝的头部兜在背带的口袋里，远离肩上的环扣。让宝宝侧身朝里，这样他衔乳时就不需要转头。用一侧的胳膊支撑宝宝，因为仅靠背带的支撑也许不能让宝宝很贴近乳房，这样的话就不能一直有效衔乳。

让另一只手伸入背带托住乳房，帮助宝宝衔乳。在最初几周里，你可能需要一直用手托住乳房，或者将纸尿布或毛巾卷起，垫在乳房下方，将乳房抬高到合适的高度，帮助宝宝保持衔乳。

"戴"着宝宝拍嗝时，改用偎依式抱法（宝宝竖直贴在你胸前）。因为是竖直的姿势，再加上你轻轻地拍背，宝宝应该就能拍出嗝来。或者，你可能需要抬高宝宝，让他趴在你的肩头，以此对他的肚子施加压力。刚开始学习兜宝宝的妈妈最常犯的错误就是将宝宝兜得太低，宝宝应该位于骑在你胸部的高度，扣环正好在你锁骨下方。你可以从高一点的位置开始，逐渐降低，直到你觉得合适为止。因为每个妈妈的身材都不一样，所以不同抱法的合适高度也因人而异。

隐蔽喂奶更容易。"戴"着宝宝出门在外时，你就可以隐蔽地给宝宝喂奶了。许多哺乳妈妈会担心自己在公共场合该如何给宝宝喂奶。虽然你坐在商场甚至是教堂的长椅上喂奶并没有什么不妥，你也不需要对你母乳喂养宝宝的事实遮遮掩掩，但是，许多妈妈在公共场合喂奶时，觉得不让别人看到胸部和宝宝，会让她们感到更舒服。婴儿背带就可以让妈妈做到这一点，你只要将背带拉高遮住宝宝的头，宝宝就可以享受隐蔽的吃奶空间了。因为背带可以帮助支撑宝宝的重量，所以即使在超市排队结账时，你也可以自如地喂奶。如果你能安抚和喂饱宝宝，所有等候的时间——无论是在商店还是在医院——都会更容易度过。

满足频繁吃奶的宝宝。某些时候——例如，生长加速期，或者身体不适、傍晚哭闹的时候，宝宝喜欢频繁地吃奶，而将宝宝"戴"在身上可以让妈妈更容易频繁地喂奶。将宝宝塞进背带，你在他吃奶的同时，仍然可以四处走动，做一些简单的家务或者陪上幼儿园的大孩子玩耍。

帮助有吸吮问题的宝宝。有些宝宝在移动中吃奶比在静止状态下吃得更好。容易紧张的宝宝（如衔乳很紧的宝宝）和喜欢拱背的宝宝（身体朝后拱背的同时远离乳房）往往在背带里能更好地吃奶。被兜在背带里的时候，宝宝的身体处于弯曲状态，下巴会朝向妈妈的胸部，这使得衔乳变得容易。同时，走动也有助于屏蔽其他刺激。随着身体的放松，宝宝的吸吮肌肉也放松下来，可以更好地吮吸。用背带"戴"着宝宝走一走，可以"诱惑"犯困的宝宝或者出于某种原因不愿吃奶的宝宝，让他衔乳、吸吮、放松。

帮助增重缓慢的宝宝。与妈妈保持亲近的宝宝会更频繁地吃奶，增重也会更多。当我们碰到母乳喂养的宝宝增重缓慢的情况时，我们会鼓励妈妈每天至少花几小时用背带"戴"着宝宝，让他频繁地吃奶。妈妈们反映，将宝宝"戴"在身上可以诱使宝宝更频繁、更放松地吃奶，宝宝的体重因此大幅增加。背带里的母乳喂养对早产儿以及吃奶需要鼓励的宝宝来说，尤其管用。

人类学家注意到，在那些妈妈大多数时间都抱着或"戴"着宝宝的文化中，宝宝一小时能吃三到四次奶。前面已经提过，吃奶的间隔越短，奶水中的脂肪含量就越高，所以频繁地吃奶能让宝宝增重更多是有道理的。宝宝被兜在背带里的时候，你不一定需要每隔十五分钟就喂他一次，但是，将宝宝"戴"在身上，你就可以更容易读懂并及时回应他的吃奶暗示。另外，还有一个好处，因为宝宝如此靠近乳汁和安抚的来源，他就不需要消耗太多的能量来吸引妈妈的注意，省下的能量就可以用于生长发育了。

方便出门

记住,对亲密养育法养育的宝宝来说,妈妈在的地方就是家,但是,对妈妈来说,她没有理由被困在家里。在家里待了几周之后,你可能已经准备好出门,再次接触这个世界,你并不需要靠成为一个隐士与宝宝保持亲近的关系。

> **科学依据表明:**
> **被抱着的宝宝与妈妈联系更紧密**
>
> 哥伦比亚大学医学院的儿童发展研究人员在1990年进行了这样一项亲密关系的研究:他们将城市里的一群妈妈分成两组,给其中一组妈妈提供柔软的婴儿背带,并向她们演示使用的方法。他们鼓励这些妈妈多抱宝宝,与宝宝多保持身体上的接触。研究人员为另一组妈妈提供的工具是婴儿座椅。这项研究从妈妈产后住院时开始,到宝宝三个月的时候,与宝宝密切接触的那组妈妈对宝宝的暗示比另一组妈妈更加敏感。到宝宝十三个月的时候,研究人员发现,与妈妈密切接触的宝宝与他们的妈妈建立了更加牢固的亲密关系。

史蒂芬出生后不久,我就和大多数产后的爸爸一样,开始想:"妻子什么时候能回到我身边?"有天晚上,我对玛莎说:"亲爱的,我们约会吧,一起出去吃饭。"玛莎本能地要表示反对,但就在那时,我们一起看到了搭在沙发上的婴儿背带,我们俩同时想到了同一件事:我们"戴"着史蒂芬一起去吃饭。

第六章 "戴"着宝宝

　　背带里的宝宝通常很安静，也很满足，这使得他们更容易被大人的生活圈子所接受，如在高级餐厅里。你在出门的时候给背带里的宝宝喂奶，就可以让宝宝保持安静和满足。两个宝宝，一个隐蔽地在妈妈怀里吃奶，一个因为吃不到奶而大声哭闹，餐厅里的客人肯定会更喜欢前者。在这样的场合，宝宝的哭闹是不受欢迎的，这时，婴儿背带就成为宝宝的通行证。

　　我们在公共场合喂奶的经历中，最值得纪念的就是玛莎"戴"着史蒂芬（当时快两岁了）上知名脱口秀主持人菲利普·约翰·唐纳休的电视节目那次。那天，当我们在节目里探讨亲密养育法的好处的时候，史蒂芬先是心满意足地看了十五分钟，然后就在背带里吃奶，之后睡了四十五分钟。我们肯定，观众所看到的要比他们所听到的印象更加深刻。这次经历让我们更有勇气了，所以我们决定利用在纽约的机会去看百老汇的演出。我们去买《猫》的票，在售票处看到"婴儿不许入内"的标牌，我们丝毫没有胆怯，要求见经理。玛莎将史蒂芬兜在了背带里，我非常礼貌地对经理说："请帮个忙，我们特别想看你们的演出。我保证史蒂芬会保持安静的，如果他哭闹，我们保证会在第一时间离开剧院。"经理让我们进去了，玛莎和我欣赏了《猫》的演出，史蒂芬在演出期间一点都没有发出声音。演出结束后，我们去感谢经理，他坦白告诉我们："可能是因为你的宝宝流露出的表情，让我想冒险试一下。"

　　史蒂芬两个月大的时候，我们被邀请出席一个正式的宴会。一般新父母都会拒绝这样的邀请，但我们没有，玛莎用一个非常时尚的背带"戴"着史蒂芬，我们一起参加了宴会，玩得很高兴。在长达三个半小时的宴会过程中，史蒂芬一直安静地窝在背带里，想吃奶的时候就吃奶。显然，其他客人看到我们时，感到很困惑，他们一定在想：她穿的是什么呀？之后，他们得到了答案："哎呀！原来是个小宝宝呀！真可爱！"在宴会快结束的时候，大家都看到了将宝宝"戴"在身上的我们是多么心满意足，整个会场都弥漫着接受的气氛。我们"戴"着宝宝参加正式活动不仅赢得了社会的认可，而且得到了社会的赞赏。

我认为我最喜欢的亲密养育工具之一就是"戴"着宝宝。有宝宝的第一年，我整天用背带兜着他，带他去任何地方。我和丈夫一起去滑雪旅行，当时我们的儿子六个月大，同行的还有十三位其他朋友。我们是唯一带宝宝出行的，不过很少有人担心我们要带他来这件事。我们可以在晚上和大家一起出去玩，他待在背带里四处张望，我可以在不经意间给他喂奶，没人知道我在做什么，他们以为宝宝一直在睡觉！也没人会在半夜被一个哇哇大哭的宝宝吵醒，因为他睡在我们旁边，而我所要做的就是翻个身去照顾他的需求。旅行结束后，大家都说他是个多么"好"的孩子——即使我们在机场被困了八小时，然后又坐了五小时的飞机！

◆ ◆ ◆

有一个"育儿袋宝宝"已经引起了一些和家庭成员的冲突。在我们第一次回家的路上，我的家人不明白为什么我们要用背带把克里斯托夫随身兜着，走到哪儿喂到哪儿。上帝不许我们和他同床共枕吗？每个人都想让我把他放下，"把他从那玩意儿里弄出来"。他们也不明白为什么我们就是没有让他哭。后来，在我们一次出行回家的路上，他们都看到我还抱着他，他是多么高兴，他们就不再打扰我们了。

我的儿子现在已经十三个月大了，我还在每天使用我的背带。昨天我们经历了极具挑战性的一天，后来我把他兜在背带里，让他平静了下来，接着他睡了两小时。我得以放纵一下自己买点东西。当他醒来时，我们都恢复了活力，能够一起克服学步期的挑战。

我经常被告知，这是一种艰难的育儿方式。但是，说真的，从长远来看，我认为这其实很容易！

方便旅行

将宝宝"戴"在身上，也更方便你外出旅行。当宝宝被"戴"在妈妈或爸爸身上时，他在飞机场、旅馆、大城市甚至荒野中的所见所闻都不会让他感到害怕，而且这样也使你更方便带着宝宝从一个地方到另一个地方。当你在机场排队，或是穿过人群时，怀里兜着的宝宝会让你感到安心、快乐，更重要的是，宝宝也很安全。如果你带着学步幼儿旅行，"戴"着他不仅可以防止小家伙乱跑，还可以抬高他，让他看到大人世界里更多有趣的事物。想象一下宝宝坐在婴儿推车里所能看到的世界吧，他可以看清地面，还能看到大人膝盖以下的部分，身边的人都比他大多了，但如果你用背带将宝宝"戴"在身上，他不但可以得到你的关注，还可以看到广告牌、路标以及差不多成人视平线高的商品展示柜台。

在一些场合，放任你的学步幼儿自由活动并不安全，而"戴"着宝宝可以让宝宝一直在你身边。忙于购物或赶路的人往往不会留意到面前的小家伙。（你有没有注意到，蹒跚学步的孩子走路的时候，脸的高度与大人拿着点燃香烟的手自然悬荡的高度正好一致？）将宝宝兜在怀里，让他处于安全的高度，这样你也可以松一口气，因为他不会离开你四处乱跑。

让家庭生活更轻松

将宝宝"戴"在身上的做法不仅在商店和机场适用，在家里也同样适用。如果你将婴儿背带挂在门边的钩子上，你就会在外出时记得用它，然而，更好的做法就是在早上穿衣服的时候就穿上背带。等宝宝醒来，你换过尿布之后，就将宝宝放进背带，接着，你们一起做早饭、洗一桶衣服、散一会儿步或者一起给客厅吸个尘。傍晚的时候，即使宝宝哭闹，需要被抱着，你只需用背带"戴"着他，就能准备晚饭了。晚上，你可以"戴"着宝宝在家里放松地走走，一边整理房间，一边哄宝宝安然入睡。

将宝宝"戴"在身上，还可以让你和伴侣一起在家享用晚餐。这些年来，我和玛莎都特别重视每周一次的二人时光——我们两个人的晚餐。我们会在安顿孩子们睡觉后，一起享用这顿迟到的晚餐。但是，有的时候，家里有个刚出生的宝宝，这顿晚餐往往会变成三人晚餐。我或者玛莎会用背带兜着这个宝宝，他要么静静地留意我们的谈话，要么昏昏欲睡，我们一般都可以边吃边聊，直至结束。

每当宝宝在哪儿都不乐意，只想在大人怀里的时候，背带可帮了父母大忙。如果你的宝宝一直在要求获得你的注意，就把他放进背带里兜着，你继续干你的事，或许你的做事效率比不上有宝宝之前，但是会比你工作时宝宝在旁哭闹来得强。

我想带着宝宝去海边，最好背带也能晒成古铜色。

"戴"着宝宝照顾哥哥姐姐

宝宝在背带里偎依在你胸前，你满足了他对亲近关系的需求，同时，你也得以将注意力集中在你的学步幼儿或上幼儿园的孩子身上。如果你在"戴"着小宝宝的时候，能够腾出手和眼，关注大孩子的活动，大孩子也会更容易接受他们和小宝宝分享妈妈的事实。所以，在用背带兜着小宝宝，给他喂奶的同时，你可以读书给大孩子听、监督他们的艺术活动或者在足球场外给他们加油。小宝宝需要感觉身体上和你亲近，而他的哥哥姐姐需要你在他们身上花心思。婴儿背带使你在将身体给小宝宝的同时，还能和他的哥哥姐姐说话、玩耍。这样一来，哥哥姐姐对小宝宝的存在就更容易接受了。

用背带"戴"着宝宝喂奶时，能让我腾出两只手和大一点的孩子玩。这样可以有效地减少两个孩子之间相互争宠，也让我能两者兼顾。

◆ ◆ ◆

一个有了弟弟的小朋友说：我希望我也能在背带里待着，我的小弟

弟喜欢妈妈用背带"戴"着他，他看起来可舒服啦！我的小推车声音有点吵。

"戴"着宝宝让他睡觉

父母想让宝宝睡觉的时候，宝宝还不想睡觉，这是经常发生的事。对束手无策的父母来说，"戴"着宝宝也是一种很好的催眠方法，是他们的救命稻草。而且，这种方法是没有斗争的和平方法，效果非常好。

在睡觉时间到来前，用摇篮式抱法或偎依式抱法将宝宝兜在背带里，如果宝宝年纪大些，也可以采用跨坐的方法（参见第129页"将宝宝'戴'在身上的基础知识"）。对大多数宝宝来说，面朝前的袋鼠式携带法过于刺激，会让宝宝难以入睡；对其他一些宝宝来说，这又是他们唯一可以接受的方式。你将宝宝兜在身上后，就在屋子里走动，你可以做些简单的工作，轻声和伴侣交谈或者单纯到处走走，直到宝宝被哄入睡。如果宝宝抗拒睡觉，你就出门走走，在外面走上十分钟往往抵得上在屋里摇晃四十五分钟。

在宝宝闭上眼睛睡着后，继续兜着他，直到你注意到他胳膊无力、呼吸均匀，知道他进入深度睡眠为止。这时，慢慢走到床边，弯下身，将宝宝放到床垫上，自己也从背带中解脱出来。如果你放下宝宝时，他开始乱动，说明他可能还需要一点时间与你保持身体接触。你可以将他放回背带，和他一起躺下，让他趴在你的胸前，头部靠着你的脖子。你富有节奏的呼吸很快就能让宝宝进入深度睡眠。到那个时候，小心地翻身，将宝宝放在床上，将背带从头顶脱下，再悄悄地走开。

用"戴"着宝宝的方法哄他睡觉就像拥有一剂特效药，即使他在超级兴奋的状态下也能被哄睡着。将宝宝放在背带里，还可以让他得以保存能量。此外，你走动时的轻微动作、熟悉的姿势以及你放在他背部的手掌，对宝宝来说，都是他熟悉的放松信号。不但宝宝放松了，你也能感到放松，因为你很确定这个办法可以让宝宝很快睡着。

"戴"着宝宝工作

在许多文化中，妈妈在工作的时候也"戴"着宝宝，然而在美国文化中，"戴着宝宝工作"并不是妈妈们的惯常做法，但也不排除它今后成为美国妈妈习惯做法的可能性。许多来我们诊所的妈妈都是上班族，她们尝试在工作时"戴"着宝宝，都觉得这个方法在宝宝六个月以前效果非常好，因为六个月之后，宝宝就变得更爱动了。我们也让诊所的工作人员在工作的时候采用这个方法照看宝宝。妈妈可以在宝宝倾听和观察外界的时候完成工作，宝宝也会发现大人的工作世界非常有趣。

在某些工作中，"戴"着宝宝往往更有效。我们认识一些妈妈，她们有从事房地产销售的、有展示各种产品的，还有在婴幼儿用品商店里工作的，她们会在工作的时候"戴"着自己的宝宝。这些妈妈认为，和宝宝建立亲密关系非常重要，所以她们努力找到可以"戴"着宝宝工作的办法。我们甚至知道有做老师的妈妈，在回到工作岗位后最初几个月里"戴"着宝宝去教课的（这样的老师除了教授平时的课外，还给学生上了一堂生动的育儿课）。如果你的雇主不怎么喜欢你这样的安排，你可以请他给你两周的试行期，并且向他保证你会根据孩子的生长情况，随时对这样的选择重新评估。人们往往会惊讶地发现，当妈妈知道自己的宝宝在背带里安安稳稳的时候，工作效率会如此之高。

> • 亲密小贴士
>
> 在忙碌的看护人怀中，宝宝可以学到很多东西。

"戴"着宝宝是亲密保险

亲密养育型妈妈很难放心地将宝宝留给其他人照看。你不想离开你的宝宝，你也了解，让宝宝躺在关爱他的人怀里获得安全感是多么重要。所以要坚持让宝宝每天能"戴"在看护人身上两到三小时，这样可以确保宝宝在你不在身边的时候也可以获得高接触和贴心的照看。

由替代看护人"戴"着宝宝

如果宝宝习惯了妈妈在身边，就很难接受替代看护人。但是，即使是亲密养育型妈妈偶尔也需要休息，如果她幸运地有个高需求宝宝，就更应该休息一下。而且，即使是由其他人"戴"着宝宝，宝宝也能获得许多熟悉的妈妈式的安抚。

杰森在背带里的时候特别高兴，所以我也放心让保姆暂时照看他一会儿。有的时候，我赶时间，就在家门口和保姆打个招呼，然后将杰森连带着背带一起转到保姆身上——有点像接力赛里的接力棒交接，保姆会继续"戴"着杰森。这样一来，杰森会忘记哭闹，而我因为知道他被兜着的习惯没有受到影响，心里也会感到宽慰些。

如果替代看护人也使用亲密养育法，那么宝宝就能更好地适应替代者的照看。奶奶和保姆不能母乳喂养宝宝，但是她们能立即回应宝宝的哭声，午睡时和宝宝一起躺下，尽可能多地将宝宝"戴"在身上。背带宝宝已经习惯了一流的照看，不会乐于接受降级的待遇。而且，像"戴"着宝宝哄他睡觉这样的方法，也有助于替代看护人效仿妈妈的做法。

我们的学步幼儿将他的背带称为"小房子"。

"戴"着宝宝，影响下一代

当大人"戴"着宝宝时，应该让孩子们了解，宝宝很重要，宝宝是属于父母的。我们也教导我们的孩子和其他孩子，让他们知道大人要照顾小孩儿，跟小孩儿在一起也很有趣。当你"戴"着宝宝时，你在示范一种育儿方式，其他人会加以效仿。如果你用背带将宝宝"戴"在身上，其他父母也会更愿意将他们的宝宝"戴"在身边，你自己的其他孩子也可能会用他们的洋娃娃或泰迪熊来练习兜宝宝的行为。

佐伊在背带里的时候总是动，我们家的人说她是在跳"背带舞"。现在，二十二个月大的佐伊有了她自己的背带，她会自己穿上背带，将小动物、洋娃娃和其他东西一起放进背带，接着，她会开始左右摇晃，就像我无数个日子里对她做过的那样。佐伊经常会认为她背带里的朋友们需要吃奶，所以她会把胸靠过去给它们喂奶。我最喜欢看的一段就是，佐伊会替小动物说："还要吃，请让我再吃点。"就好像小动物在要求换到另一边吃奶一样。

在日托所"戴"着宝宝。我们的一名病人有个高需求宝宝，这个宝宝只要待在背带里，就会感到很满足。宝宝六周大的时候，这位妈妈必须回到工作岗位，我就给宝宝的日托所写了一张"处方"，声明这个宝宝每天需要被兜在背带里至少三小时。这样一来，妈妈离开宝宝去上班，心里也会感到宽慰些，因为她知道替代看护人理解了宝宝的需求——需要与大人亲近的身体接触。

第七章

信任宝宝通过哭声传递的信号

对亲密养育型妈妈来说，最本能流露的亲密养育要素就是她的信念，她相信宝宝啼哭是在试图告诉她一些信息。起初，妈妈可能不明白宝宝的哭声是什么意思，寻找正确回应方式的过程往往令人沮丧。但随着妈妈对宝宝日益了解，随着他们之间的关系日益亲密，妈妈更相信自己有能力解读宝宝的哭声，为其提供恰当的安抚。宝宝的哭声的确是一门语言，只是，在母子刚刚建立起联系的阶段，这门语言听起来更像是外语，但是，你听得越多，回应得越多，就越能明白宝宝在说什么。

哭声是亲密关系小帮手

宝宝的哭声就是他们的语言，是以宝宝的方式说出："出错啦，请纠正！"哭声可以唤起别人对自己需求的关注，有助于宝宝存活下来。（当然，我们希望宝宝不仅仅是存活，还要能茁壮成长。）研究人员对哭声进行了研究，认为婴儿的哭声是一种完美的信号：非常令人不安，从而唤起注意力，但又不至于引起恐慌，让父母不想理会，只想逃离。哭声是宝宝让父母靠近自己，与自己建立亲密关系的方法，所以，对宝宝的哭声，你要用耳朵去听，用心去体会。

一般来说，父母做出回应后，哭声就会停止，这是哭声帮助建立亲密关系的另一个特征。如果因为你的靠近、你的臂弯、你的关爱成功安抚了宝宝的恐惧，你就会对宝宝和自己都感觉良好。你回应得越多，就越能够理解宝宝的暗示，也越感受到与宝宝的亲密关系。天底下的宝宝都会哭，但是不同父母对哭声的敏感度却差别很大，而不同宝宝的哭声强度差别也很大。

对宝宝的哭声做出回应并不总是件轻而易举的事，有时会让人感到非常受挫。特别是在最初几周，你在辛苦摸索学习宝宝的语言，而宝宝的信号发送技能还不娴熟，但是，不要气馁，请继续回应。你对宝宝哭声的回应，可以使宝宝哭得少些，强度也小些。在最初几个月里，宝宝和父母数以百次地练习"给出暗示，做出回应"之后，宝宝能够学会更好地暗示，哭声不再让人不安，而是更倾向于沟通和交流，这就好像宝宝学会了更好地说话一样。同时，你也逐渐学会做出更恰当的回应，最终，你会知道该在什么时候、以什么节奏同意或拒绝。随着时间的推移，宝宝变得擅长给出信号，而你变得擅长理解宝宝的信号，你们俩在宝宝很少哭的情况下也能够进行很好的交流。这就是为什么我们说亲密养育法教宝宝哭得更友好。下面的建议可以帮助你实现这一目标。

亲密型哭泣

你隔多久就会听到有人说"我只想好好哭一场"？痛哭可以纾解压力，这个现象是有生理学基础的。威廉·弗雷博士在他的 *Crying: The Mystery of Tears*（《哭泣：神秘的眼泪》）一书中所引用的研究结果表明，人类泪水中含有压力激素，因为情绪而流出的泪水，其化学成分及激素

第七章 信任宝宝通过哭声传递的信号

成分都与因眼睛受到刺激而流出的泪水不同。研究还发现，泪水中含有类似内啡肽的激素（内啡肽是给大脑带来愉悦感受的激素）。

有的时候，宝宝真的需要哭一场来纾解压力，让自己放松。这个说法并不是让宝宝可以一直哭下去的许可证，只是提醒父母，你不是每次都能成功让宝宝停止啼哭的。事实上，让宝宝停止啼哭并不是你的职责，你的职责是做出回应，并且在宝宝沮丧的时候，守候在宝宝身边。如果你解决不了引起宝宝啼哭的问题，也不要感到歉疚或缺乏信心，宝宝可能只是需要哭一会儿。但是，疼痛的哭与情绪紧张的哭是不一样的，你需要努力找出啼哭的原因。作为亲密养育型妈妈，你会本能地知道两者的区别。

下面是一位敏感的亲密养育妈妈与我们分享的她朋友的故事。

> 我去拜访我的朋友，她三周前刚刚生了宝宝。我们说话的时候，小宝宝在另外一个房间里哭了。他不停地哭，声音越来越响，让我感到非常担忧。我觉得自己的乳房都能渗出奶水了！但是我的这位朋友对宝宝的信号无动于衷。最后，我实在受不了了，就说："没关系的，你去照顾宝宝吧，我们可以之后再谈。"她不带感情地回答："不用，还没到他吃奶的时间呢。我要让宝宝知道，是我说了算，不是他。"我对此难以置信，问她："你到底是从哪里得来的想法？"她自豪地告诉我："育儿班。"

显然，这对母子变得疏远了，在敏感的亲密养育妈妈眼里，这是难以接受的。

> 我相信，如果他们小的时候，你听他们的，他们长大后就会听你的。

创造条件，减少宝宝对哭的需求。"我的宝宝很少哭闹，她不需要哭。"说这句话的妈妈安排好了宝宝的环境，让宝宝大多数时候都感到平和与满足。所有的亲密养育要素都可以减少宝宝对哭的需求。母乳喂养的宝宝哭得较少，因为他们经常被抱着喂奶；背带里的宝宝哭得较少，因为经常被兜在父母身上；与父母同睡的宝宝哭得较少，因为他们不需要从另一个房间召唤食物和安抚；早期新生儿的纽带、母乳喂养、"戴"着宝宝以及亲子同睡，都能够让宝宝内心产生"对"的感觉，让他们觉得没有哭的必要，也很少会感到彻底崩溃。如果看护人在咫尺之内，宝宝也不需要哭得很厉害，听众就在身边，为什么还要调高音量啊？实践亲密养育要素的父母会变得擅长预见小宝宝的需求，苗头刚刚出现，他们就能做出回应，所以宝宝不需要哭。

将宝宝的哭声看作交流，而不是操纵。小宝宝哭是为了交流，感到自己被操纵了只是父母单方面的想法。将宝宝的哭声当作信号，去聆听和回应，而不是立即想到"宝宝又要我干什么"。如果你担心惯坏宝宝或者担心宝宝控制你，你就总会质疑自己对宝宝哭声做出的回应。所以，不要将哭声看成宝宝在控制你的手段，而将它看作沟通的工具。宝宝啼哭的目的是交流，不是控制。

学会解读宝宝哭前的信号。宝宝的焦虑堆积至高峰才会啼哭，而在这之前，会有其他信号表明，宝宝需要大人的安抚。这些信号可能是焦虑的神情、乱挥的胳膊、激动的呼吸、颤抖的嘴唇、皱起的眉头、身体扭成吃奶的姿势或者是其他肢体语言。和宝宝待在一起，密切观察，有助于你学会识别这些信号。对哭前信号做出回应，可以让宝宝了解，他们并不总是需要哭才能获得关注。解读哭前信号对有些父母来说更有用，因为他们的宝宝只要一开始哭，就会立即升级到"红色警戒"的程度，难以安抚。

早作回应。拖延对哭声的回应并不会教宝宝少哭，反而会导致他们哭得更凶，更烦人。实际上，研究表明，哭声得到立即回应的宝宝，长大后会哭得较少。想想你教会了宝宝什么，你拖延回应后，宝宝了解到自己哭的音量需要最大才能得到你的关注，下次难过时，会立即将声音提高至那个音量。父母没有及时回应的时候，有的宝宝——性情温和的宝宝——也许会停止啼哭，但是大多数宝宝会不屈不挠地哭下去，所以，立即安抚是更加体贴的做法。

尝试"加勒比方法"。以轻松的方法对待宝宝的哭闹，往往也可以有效地防止哭声升级。你和宝宝的密切关系意味着，不但你可以读懂宝宝的情绪，宝宝也能够读懂你的。如果宝宝感觉到你不着急，那么他们也可能平静下来，我们将这个方法叫作"加勒比方法"。你耸耸肩，微微一笑，对宝宝说："没什么大不了的，宝贝。"

科学依据表明：
早作回应，减少啼哭

1974年，一组研究人员回顾了关于什么造就有能力的儿童的研究。在分析亲密研究之后，他们得出这样的结论：在第一年的前半段时间，妈妈越忽视宝宝的哭声，在后半段时间，宝宝就越可能更频繁地哭。

苏珊是一位敏感、体贴的亲密养育型妈妈，她带着八个月大的儿子托马斯到我的诊所，进行哭闹宝宝的咨询。在谈话过程中，我注意到苏珊总是在托马斯发出哭闹的第一声瞬间就将他抱起来，还流露出焦虑的表情。看着他们，我很清楚，是宝宝的焦虑引发了妈妈的焦虑，而妈妈的焦虑又反过来让宝宝更感焦虑，最后母子俩都变得很焦虑。在这种情况下，妈妈想为宝宝做到最好的强烈愿望对妈妈起到了负面作用。苏珊的迅速回应不是问题，回应时的焦虑才是问题所在。我建议苏珊尝试一下"加勒比方法"，当托马斯开始哭闹的时候，她先放松自己的面部表情（哪怕她内心十分焦虑），不要急于将他一下子搂进怀里，而是仅仅转向她的宝宝，说一些安慰的话。宝宝需要从妈妈那里得到的信息是："没关系的，宝贝，你可以的，妈妈在这里。"很快，小托马斯就哭闹得少了，玩耍的时间变多了。

安德里亚在我身边午睡，蒙眬间开始哭闹，我仅仅安慰一句"没事儿"，她就立即停止哭闹，再次进入梦乡了，速度之快让我大为惊奇。我想她一定知道，当她需要时，我就在身边，所以她充满了安全感，无须声嘶力竭地哭闹，因为在啼哭伊始，我的声音就可以让她平静下来。夜里，她睡在我们床上开始哭闹时，我的宽慰也同样奏效。只是安慰一句"没事儿"，抱抱她，我们大家就都能睡个好觉了，不会等到她完全清醒，哭到生气。

该让宝宝一直哭下去吗

在你育儿的过程中，有人会向你建议，说解决宝宝哭闹的方法就是让他一直哭。不要这样做，特别是在最初的几个月里，不要让宝宝一直哭！

"让你的宝宝一直哭" 这个建议有百害而无一利，让我们从字面上解读一下这个麻木不仁的告诫，让你看清楚它是多么不明智且没有益处。

"让你的宝宝"。一个与你的宝宝没有血缘关系的人，指导你如何对你宝宝的哭声做出回应，是非常冒昧的。即使这个建议来自奶奶或者另一个疼爱宝宝的亲戚，你也要知道，这个人不像你这么了解你的宝宝，这个人也不是那个凌晨三点听到那些哭声的人。提出这种建议的人或许是出于对你的关心，毕竟宝宝哭是一件让人烦扰的事，但是你知道，哭声反映了宝宝的需求。

"哭"。宝宝的哭声到底是什么？让宝宝将什么哭出来？哭是必须纠正的坏习惯吗？不太可能，因为需求不能被称作习惯。宝宝也并不享受哭这件事。此外，认为哭对宝宝的肺有好处的观点，完全是错误的。过多的啼哭会降低宝宝血液中的含氧量，还会提高压力激素水平。对建议"一直哭"的人来说，哭声没有意义。但事实上，宝宝哭，是为了交流，他急于交流自己的需求，而你回应哭声的方式也是一种交流。

啼哭不仅仅是宝宝有用的工具，对父母来说，尤其是对妈妈来说，也是非常有用的信号。哭声可以促使父母做出回应，当妈妈抱起啼哭的宝宝，开始给宝宝喂奶时，体内释放的激素让她享受到放松的感觉，有助于她更关爱宝宝，不会因宝宝的哭声感到万分紧张。有谁会愿意错过这等好事呢？

哭声曲线

宝宝的哭声不是自始至终都一样的，如果你用图来表示，哭声会像一条上升的曲线。宝宝啼哭的开场音能够像磁铁一样，将听众拉近宝宝，它可以引发看护人的同理心，让看护人产生安抚宝宝的渴望，所以，它可以促进亲密关系。但是，如果没有人听到哭声，没有人做出回应，宝宝就会继续哭，哭声越来越令人烦扰，直到宝宝哭过头，过了能对看护人产生积极影响的临界点。过了头的哭声会引起回避反应，看护人必须努力克制冲动，才能不从这个尖叫的小东西身边逃离。这个时候，如果宝宝还没有得到自己需要的东西，哭声就会进入愤怒阶段。父

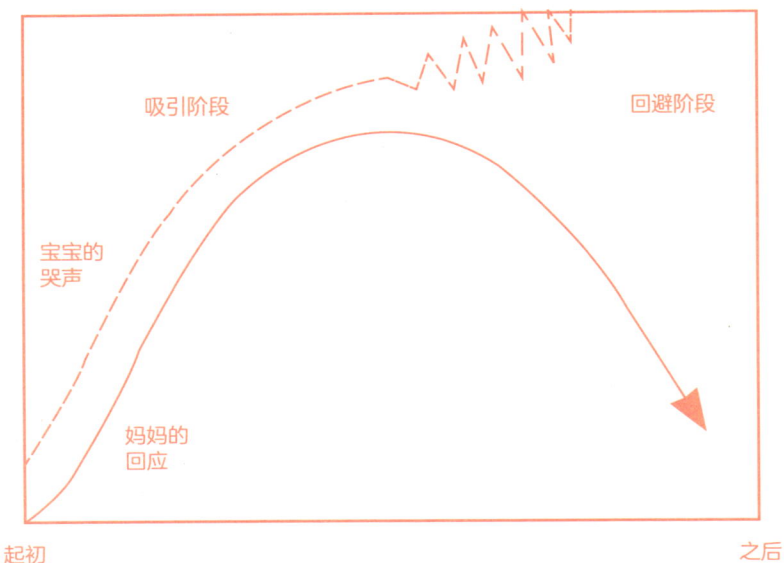

第七章 信任宝宝通过哭声传递的信号

母会因为宝宝难以安静下来而生气，而宝宝也会因为哭声没有得到应有的回应感到生气。要对婴儿哭声快速回应的一个原因就是将哭声控制在曲线图的亲密阶段，在这个阶段，宝宝的哭声更友好。

> **科学依据表明：**
> **让宝宝一直哭不科学**
>
> 研究表明，大多数一直哭的婴儿并没有哭得更少，而会哭得更加令人不安，他们会更依附父母，需要更长的时间才能独立。

"一直"。你让宝宝一直哭的时候，他实际上哭出了什么？哭出的东西去哪里了？是哭出了自己能哭的本领吗？他能快点结束，做个了结吗？不！宝宝可以连续哭上几个钟头，还仍然继续拥有哭的能力。宝宝失去的只是哭的动力，以及其他一些宝贵的东西。如果没有人回应宝宝的哭声，宝宝有两个选择：他可以试着哭得更响、更厉害，制造出更惹人烦扰的信号，拼命地希望有人可以听进去；或者，他可以放弃，变成一个"乖宝宝"（安静的宝宝），不再打搅任何人。想象一下，如果是你，当你有需求，尽了自己最大的努力与人交流，但是没有人听，你会有什么样的感受。你会很生气，你会感到无能为力，觉得自己无足轻重，你还会相信没有人关心你，因为没有人在乎你的需求。让宝宝自己一直哭，宝宝失去的是信任：对自己交流能力的信任，对看护人做出回应的信任。

让宝宝自己一直哭，父母也会失去些东西——会失去敏感度。提建议的人可能会告诉你，你必须对啼哭的宝宝硬起心肠，他们甚至说，这是为了宝宝好。其实这是错误的。如果你有意识地让自己对宝宝的信号不敏感，故意关闭你的本能反应，你就违背了自己的生理机能。是的，这样下去，哭声最终确实不会再烦扰你，但是这会对你的育儿产生严重的影响。你将不会信任宝宝所传递的信号，也不能理解宝宝的原始语言。这就是父母将宝宝哭声看作控制工具，而非交流手段的后果。

我们尝试了让宝宝一直哭的方法。我当时很累，而我的朋友们都建议这个方法，所以我决定试试。结果犯了大错！听到宝宝的哭声，我的心都快碎了。第二天早上，宝宝的声音都是沙哑的，而我的心隐隐作痛。后面的几天里，宝宝像个小考拉一样黏住我。我再也不会那样做了。

宝宝经常哭，父母怎么办

一天，我诊所里的一位妈妈莱斯利和我聊起关于她的宝宝哭的问题。莱斯利是个关爱宝宝的亲密养育型妈妈，她的宝宝是个高需求宝宝，夜里频繁地醒来。莱斯利会对宝宝的需求做出敏锐的回应，但是，她累得快要不堪重负了。她的婚姻也受到影响，她和丈夫就育儿的方式不同经常争执不休，她承认自己没有享受到为人母的快乐。莱斯利爱她的宝宝，但有的时候，她对宝宝频繁、冗长的哭闹感到生气；有的时候，她需要走开，这种时候，她就让宝宝一直哭。莱斯利问我："我让宝宝一直哭，我是不是一个坏妈妈？"我回答："你不是一个坏妈妈，你只是个疲惫的妈妈。"

宝宝哭，不是你的错

不要觉得宝宝经常哭，是你的错。如果你尽了全力对宝宝的哭声做出敏锐的回应，但并不总能安慰你的宝宝，你不要觉得是自己的育儿方式出了差错，要知道，你不是必须让宝宝停止啼哭的。你只需尽自己最大的努力确定他不是因为身体上的不适而哭（顺便说一句，这可能需要你进行长期的检查），然后试验各种安抚宝宝的方法。有时，你能想到的法子都试了，却依然不知道宝宝为什么哭。有时，宝宝其实也不知道自己为什么哭。如果你尽了全力也没有找到宝宝啼哭的原因，那么就向他提供自己温暖的怀抱、甜美的乳汁或是有力的肩膀给他靠，让他不是一个人独自哭泣，剩下的就看宝宝自己了。

哭个不停的宝宝是不受家人欢迎的，他们的哭声更让人烦扰，他们也很难适应变化。即使父母敏锐地回应，他们也会继续哭闹，让爸爸妈妈感到紧张和烦躁。看起来，好像是亲密养育法对这类宝宝不适用，这时，让宝宝一直哭，让宝宝有固定的时间表之类的建议似乎是爸爸妈妈唯一的救命稻草。但事实是，这样的宝宝才最需要亲密养育法。否则，出现这么多负面情况，父母会让自己离宝宝远一点。在这个家里，想要让亲密养育法奏效的话，就需要做出一些调整。如果宝宝的需求耗费了妈妈的精力，让她感到神经紧绷、疲惫不堪，妈妈是不可能保持与宝宝的紧密联系的。

如果你的情况与莱斯利的类似，你需要采取行动，不要让宝宝每天晚上被关在婴儿房里哭，去寻求其他解决方法。你可以考虑下面的建议。

找找有没有健康原因。咨询宝宝的医生，查看有没有身体上的原因让你的宝宝变成"疼痛宝宝"，因为某种潜在疾病而哭闹。考虑以下可能性：胃食管反流、配方奶过敏或者母乳喂养的宝宝对妈妈的食物过敏。大多数时候，感到疼痛不适的宝宝往往表现得烦躁。这种情况下，你必须解决起因，才能对宝宝的哭声喊停。

教宝宝更好地哭。"加勒比方法"对哭闹、难安抚的宝宝特别有效，你可以利用自己放松的面部表情和肢体语言让宝宝知道，他不需要哭。当你的大宝宝哭闹时，不要很快将他接进怀里，而是采用言语的方式："妈妈在这儿。"做个鬼脸或者对宝宝说话，试图将他的注意力从哭闹中吸引过来，让他做点别的。这个方法在开始时可能有些困难，因为你必须先放松自己，才能将这种反应示范给宝宝。慢慢地深吸一口气，或者只是停顿几秒，精神放松。你学会这样做的话，宝宝也会的。

换个听众。比起爸爸，一直不停的哭声通常让妈妈更加心烦，有时候，妈妈需要离开一会儿，让自己保持清醒。先确定宝宝吃饱了，然后将他交给爸爸，你自己出门一小时左右，散散步，去别的地方转转。宝宝和爸爸都受益于彼此相处的时间。对那些父母尽力安慰后仍然继续哭闹的宝宝，爸爸的忍耐力往往要强一些。在关爱你的人的怀里哭泣，与独自一个人哭泣没有人安慰的情况不一样，在爸爸怀里哭泣，有助于宝宝意识到他不是在独自难过。

第七章　信任宝宝通过哭声传递的信号

让宝宝明白，他可以自己处理一些问题。新生儿和小宝宝需要爸爸妈妈持续不断的帮助，才能保持平和、有序。但是，等宝宝一岁时，他就可以开始学习自己做事情了。利用你的敏感度，判断宝宝的哭闹是需要你立即做出回应，还是他需要一两分钟让自己尝试安顿下来。倾听哭闹的强度，如果强度急剧上升，你也许需要做出回应；如果强度达到一个高点，然后逐步减弱，你就可减缓你的回应。不要错误地将这个建议与"婴儿教练"的定时啼哭方案相混淆。你要遵从自己对宝宝的了解，要知道，并不存在什么神奇的方案，能让宝宝自己学会控制自己的情绪。每一场哭闹都是一个接一个对灵敏度的呼唤，只有你能领会。记住，你的最终目的是让宝宝明白，随着他的长大，成为学步幼儿，有时除了哭泣，还有其他处理问题的方式。同时，你也不要让宝宝认为自己的哭声没有价值。

第八章

亲子同睡

第八章　亲子同睡

我每个星期都会接到记者的电话，希望我围绕"是否应该与宝宝同睡"的争论，谈谈自己的看法。我觉得有趣，心想，父母与宝宝睡在一起，有什么新闻价值呢？父母和宝宝一起睡的传统已经有几千年了，即使在今天，这种做法也不算少见。大多数父母都会和他们的宝宝睡在一起，至少在某些时候是这样——他们只是不告诉医生或亲戚朋友而已。为什么都对这种做法如此谨慎保密呢？原因可以追溯到父母和育儿专家对宝宝独立性的看重，但他们并没有了解孩子是如何真正变得独立的。在所有的亲密养育要素中，亲子同睡似乎是最有争议的。

夜间继续亲密

夜间的亲密养育不仅涉及宝宝睡在哪里的问题，它是对宝宝夜间需求的一种态度，接受宝宝是一个有很多需求的小人儿——一周七天、一天二十四小时都有需求。宝宝相信你们——他的父母会在夜里继续陪在他身边，就像白天那样。所以，你们需要调整自己的夜间习惯，来配合宝宝的需求。根据宝宝的不同成长阶段和你们自己的需求，夜间育儿方式可以有所改变。如果你们愿意灵活安排，愿意抛开美国文化中常见的"宝宝应该从一开始就学会自己睡"的观点,就会认识到,当你们欢迎宝宝睡到你们床上时,你们并没有在惯坏他,也没有被他操纵。

该怎么称呼它？ 亲子同睡被贴上了各式各样的标签,"家庭床"这个朴实的术语虽然对很多人有吸引力,但是对于那些想象着全家人——大孩子、婴儿、父母,甚至家里的狗一直睡在一起的新父母,可能会相当令人生畏。"同睡"听起来更像成年人做的事,有点像同居。人类学家比较喜欢这个说法,它清晰,没有价值判断。"共享床位"出现在医学写作中。而我们喜欢"亲子同睡"的说法,因为正如你将要了解的,妈妈和宝宝共享的不仅仅是床上的空间。我们还喜欢另一个说法——"睡在宝宝身边",这种说法提醒我们,夜间的睡觉安排可以延续父母与宝宝在白天分享的亲近关系。

睡觉 —— 不是一个可控因素

睡觉和吃东西一样,不是你可以强加给孩子的行为,你所能做的就是创造条件,让宝宝自然产生睡意。三十多年来,我们为父母提供睡眠方面的咨询,得出的结论就是,宝宝在夜里醒来,大多是天生如此,不是人为的。宝宝醒来并不是你的错,同样,宝宝的睡觉习惯也不反映你的育儿方式。如果你的朋友炫耀他的宝宝可以睡整夜觉,相信我们：他们可能在夸大其词——不止一点点。

你听到的种种不一致的睡觉建议会比宝宝更能让你保持理智。如果你让宝宝睡在你们的床上,敏锐地照看夜里醒来的宝宝,可能会担心是否惯坏他了。于是,出于无奈和疲惫,你尝试了一点婴儿训练法,让宝宝一直哭了几个晚上,但这又让你非常担心。其实,你最好能意识到,有的宝宝容易入睡，他们天生知道该如何抚慰自己；有的宝宝容易在夜里醒来，很难重新入睡。每个宝宝都是不同的，睡觉的行为与宝宝与生俱来的性情（或者与导致夜里醒来的健康原因）有关，而不是与爸爸妈妈造成的什么"坏习惯"有关。会有那么一天，那些"夜哭郎"的父母也能美美地睡上一个不受打扰的好觉。

夜里醒来喂奶并没有烦扰到我，真正让我精疲力竭的是那些坚持不懈问我"他睡整夜觉了吗？"的人。

宝宝要到几岁，父母才能获得这种夜间的福佑因宝宝而异。同时，你可以不断试验不同的夜间育儿方式，你唯一需要咨询的睡眠专家就是你的宝宝和你们自己。

还需要说明的是，宝宝睡觉的地方没有对错之分。你的目的不是让宝宝的睡觉习惯遵循其他人的建议——不论建议是来自"婴儿教练"，还是亲密养育法的倡导者。你的目的是想出一个夜间育儿的方法，让家里每一个人都能在夜里睡好。我们以及其他许多父母都发现，睡在宝宝身边是既能睡好觉，又能继续回应宝宝需求的最佳方式。

我们与宝宝同睡的经历

我和玛莎没有和我们前三个孩子睡在一起，真实情况是，他们都是个性随和的宝宝，自己在婴儿床里睡得很好。我们没有理由去挑战医学界关于让宝宝自己睡的统一政策（"让宝宝睡到你的床上，这很怪异，可能也很危险，现代父母是不会那样做的"）。然后，我们的第四个孩子海登在1978年出生了，她的出生改变了我们对许多事物的态度，包括对睡觉的态度。（如果不是因为海登，我们说不定永远都不会写这些育儿书。）海登的摇篮就放在我们的床边，等她长到摇篮睡不下的时候，我们就将她搬到一张婴儿床上——但她讨厌那张婴儿床。我们很难让她保持安睡的状态，玛莎因此疲惫不堪。白天，海登一直躺在玛莎的怀里，玛莎快吃不消了。最终，有一天晚上，玛莎没有像往常一样将海登放回婴儿床，因为她知道，如果她那样做，海登不到一小时就会醒来。玛莎将海登搂在身边，在我们的床上睡下了。海登睡着了，玛莎也睡着了，从那晚开始，我们都一起睡得更好了——事实上，因为睡得好，海登和玛莎与我一起睡了四年，直到我们的第五个孩子出生！

但是，作为一名儿科医生，我感到需要为我们这个大胆的睡觉安排寻求一些建议，但所有的育儿书都说："不要让宝宝睡到你们的床上，否则你们会后悔的。"玛莎说："我不管书上是怎么说的，我累了，必须好好睡觉！"她这样说，我也不好反驳。但是，慢慢地，我克服了自己对"被操纵"的担心，也不再对"该在何时采用何种方法让她自己睡"感到没有把握。我们通过写书讨论了自己之前的疑虑，还在书中讲解了许多睡在宝宝身边的好处。

当妈妈和宝宝睡在一起时，他们分享的是一种特殊的联系。每次看到玛莎睡在海登身边，我都会对她们俩协调一致的呼吸产生兴趣，当玛莎深吸一口气时，海登也会深吸一口气。她们的行动也趋于一致，我注意到，玛莎与海登会同时或者在相差不过几秒内挪动身体。她们会受到彼此的吸引而转向对方，玛莎会转向海登，往往在没有完全醒来的情况下，给她喂奶或者轻触她，然后两个人又都进入梦乡。有的时候海登睡得不安稳，会伸手触碰玛莎，确定妈妈就在身边后，她会来一次深呼吸，叹气，然后继续睡。我还注意到，玛莎会时不时地在半夜醒过来，检查海登的情况，给她盖好被子，然后很快再次睡着。

海登后面的四个孩子（当然是一个一个到来的）都是和我们一起睡的。好几年里，我对玛莎和孩子们的同睡进行了观察。玛莎和宝宝自然地侧睡，面对面，尽管刚睡时两个人之间有些距离，但宝宝会像个热追踪导弹，自然地靠向妈妈温暖的身体，两人近得呼吸可闻。我对这种脸对脸、鼻对鼻的姿势非常好奇，会不会妈妈的气息能激发宝宝呼吸？或许在这种姿势下，妈妈的呼吸刺激了宝宝的皮肤，这也会带来更好的呼吸。我注意到，每当我对着宝宝的脸呼气时——仿佛那是神奇的气息——宝宝都会深吸一口气。

玛莎和我现在完全拥有我们的床了，但是我们会深情地回想起与孩子们睡在一起的那些年，我们毫不怀疑，这些夜间的联系是我们与他们之间建立起亲近、信任关系的重要途径之一。

为什么睡在宝宝身边好

建议父母睡在宝宝身边有两个好处。首先，亲子同睡可以延续父母在白天努力建立的亲密关系，白天没有让宝宝一个人自己哭，晚上就没有道理让他在另一个房间里一个人哭。睡在宝宝身边相当于在夜里将宝宝"戴"在身上。其次，与父母同睡的宝宝睡得更好，这有助于妈妈睡得更好。

> 我把和宝宝睡在一起看作"懒妈妈"办法。我喜欢睡觉，而宝宝睡在我身边时，我就不需要担心，不用在她醒来要吃奶的时候爬起来，穿过屋子，到她身边去。另外，她也喜欢依偎在我身边，这让我很高兴。

宝宝睡得更好。如需了解为什么睡在妈妈身边可以帮助宝宝睡得更好，就必须先了解一些关于婴儿睡眠的基本知识。

婴儿睡眠与成人睡眠不同。你或许知道，睡眠有不同的阶段，主要有快波睡眠，或称快速眼动睡眠，以及安静睡眠。我们会在快速眼动睡眠期做梦，而宝宝的身体在这个睡眠期是最活跃的，你可以注意到宝宝的眼睛在眼皮下移动，宝宝还会乱动、吸吮并发出一些声音。在安静睡眠期，宝宝会保持静止不动。每天夜里，宝宝会在这两个睡眠阶段来回好几次。当从安静睡眠转向快波睡眠时，宝宝容易在过渡期醒来，且醒来后很难再次入睡。

科学家们不知道宝宝为什么花许多时间停留在快波睡眠，但是他们推断快速眼动对宝宝的生长发育有好处，它可能有助于大脑发育，帮助大脑建立联系。或许，是因为宝宝还不够成熟，熟睡对他们来说不安全。如果你认可宝宝的睡眠方式是大自然的安排，你就会接受宝宝应该睡在自己所爱的人身边。

依偎在爸爸妈妈怀里睡觉能够培养宝宝健康的睡眠态度，让宝宝了解睡觉是一件愉快的事。和父母同睡的宝宝不仅更乐意睡觉，睡眠期也更长。

第八章 亲子同睡

　　如果宝宝是独自一个人，夜里醒来的感觉是可怕的，妈妈不见了——看护人不在他身边，宝宝得出结论，自己是孤单一人，被抛弃了。但是，如果宝宝醒来看到妈妈就在身边，醒来就不那么可怕了，因为宝宝知道，只要和妈妈在一起，就会没事的。如果宝宝饿了，他可以吃奶，吸吮会促使他再次进入梦乡。妈妈只要伸出手，轻拍宝宝的背，嘴里喃喃地哄他，就可以帮助他从快波睡眠过渡到安静睡眠，妈妈甚至不用完全清醒过来就可以这么做。

　　想象自己是一个睡在妈妈身边的宝宝。当你从安静睡眠向快波睡眠过渡时，你进入一个易醒的阶段，这时，你身边是你熟悉的人，与你有着亲密的关系，你可以听到、闻到、触到她。因为你熟悉她的存在，所以你接收的信息是"可以再次睡着"，让你可以平静地度过这个易醒阶段，再次进入甜美的梦乡。然而，根据我们自己亲子同睡的经验、我们以及其他人在这方面的研究，我们相信，与宝宝同睡的妈妈为宝宝所做的，不仅仅是让宝宝再次安然入睡。在后面的文字中，你将了解到，睡在宝宝身边还能为你带来生理上的好处。

　　当我的丈夫走进卧室，看到我们刚刚出生的宝宝独自躺在我们床边的摇篮里时，他说："我们的儿子就睡在那儿？他会受凉的，我们怎么能知道他是不是好好的？"他将宝宝抱出摇篮，带到了我们的床上。待在我肚子里九个月后，我的小宝贝继续成为我的一部分，在我们的床上，和我一起呼吸，听着我的心跳声入睡。

　　妈妈睡得更好。许多妈妈和宝宝睡在一起获得了夜间的和谐关系：他们的睡眠周期趋于步调一致。妈妈可以意识到宝宝的存在，但是仍然能够睡安稳，宝宝醒的时候，妈妈也会醒来，给宝宝喂奶，之后往往可以再次入睡。因为妈妈适应宝宝的存在，所以不会担心自己翻身压到宝宝，而且妈妈确信，如果宝宝需要她，她肯定会醒过来的。你在夜里不用离开温暖的被窝就可以满足宝宝的需求，还有比这更美好的事吗？宝宝在夜里要频繁吃奶，妈妈不但能休息，而且能休息得很好，原因就在这里。其他人如果在早晨问一位妈妈，她往往也不记得自己在夜里什么时候给宝宝喂奶的，也不知道喂了几次（因为她对此并不紧张，所以不用看时间），妈妈只知道自己休息得很好。正是因为睡在一起的宝宝与妈妈有相似的睡眠周期，妈妈的睡眠节奏才不会因为宝宝醒来而受到干扰。

玛莎的笔记：我会在宝宝醒来前几秒醒来，宝宝身体开始扭动的时候，我会用手去安抚他，他就会很快再次睡着。有的时候，我是下意识地安抚，自己根本没有醒过来。

对比一下让宝宝独自睡在另一个房间的妈妈。独睡的宝宝在夜里醒来——在小床的护栏后一个人哭，哭声让妈妈从熟睡中惊醒，妈妈必须让自己清醒，从床上爬起来冲向宝宝。然后，妈妈必须安抚好宝宝，可以让他开始吃奶（或者，她必须去厨房加热配方奶），等宝宝总算再次睡着，妈妈再小心地将他放回婴儿床，自己才能再去睡觉。如果一番折腾之后她再也睡不着，就只能眼睁睁地望着天花板，第二天就会承受睡眠不足的后果。

哺乳更简单。 哺乳妈妈是亲子同睡的最大拥护者。母乳喂养的宝宝即使在夜里也需要频繁地吃奶，如果妈妈睡在宝宝身边，喂奶就会很简单。同是母乳喂养的宝宝，睡在妈妈身边的会比独自睡的宝宝醒来次数更多。"婴儿教练"对这种频繁醒来的情况持不赞成态度，他们认为，如果你要训练宝宝减少对妈妈的需求，就不应该整夜在宝宝身边，诱使宝宝吃奶。根据婴儿训练法，夜间醒来是需要改掉的坏习惯，而不是宝宝需要与父母建立亲密关系的标志。但是，频繁地醒来好像并没有给大多数与宝宝睡在一起的妈妈造成烦扰。更频繁地吃奶、更多的乳汁、更多的接触，有助于宝宝生长得更好。频繁地喂奶也有助于妈妈的乳汁供应，以免她在早晨醒来时乳汁淤积，这样容易导致乳管堵塞和乳腺炎。亲密养育型父母还发现，频繁醒来有助于宝宝和妈妈建立联系，特别是在母子俩白天分开的情况下。母乳喂养宝宝的妈妈比喂宝宝奶瓶的妈妈更容易与宝宝保持一致的睡眠周期，她们往往在宝宝刚要醒的时候醒来，帮助宝宝衔乳，然后在宝宝吃奶的时候继续睡觉。宝宝的吮吸刺激了激素的分泌，在凌晨 2 点左右的时候，激素的放松效果会让妈妈不可避免地睡着。

帮助宝宝茁壮成长。与父母同睡的宝宝能够茁壮成长，也就是说，宝宝不仅仅是长大，还会在生理、情感以及智力上均达到最大限度的发展。为什么会有这种好处呢？或许是更多的接触、更加频繁的吃奶促进了宝宝的生长。因为同睡而增加接触也会鼓励宝宝更频繁地悠闲吃奶，宝宝感觉到妈妈更加放松，吃奶也就会不慌不忙，额外吸吮让宝宝吃到含脂较高的母乳，还能够刺激妈妈的乳汁分泌。妈妈在睡眠时，体内的催乳素水平会升高，所以，夜间喂奶，结合下午小睡时的喂奶，是建立良好乳汁供应的好方法。

针对不能茁壮成长的宝宝，将"亲子同睡"作为疗法由来已久，早

西尔斯养育百科

在一百多年前，一本写于 1840 年的育儿书上就写着："毫无疑问，至少在宝宝刚出生的四周时间里以及冬天和早春的时候，宝宝如果可以睡在妈妈身边，享受妈妈温暖的怀抱，会比独自睡在小床里长得更好。"

帮助宝宝和妈妈弥补白天的分离。鉴于如今的父母忙碌的生活，夜间同睡更具重要性了。白天爸爸妈妈不在宝宝身边，晚上睡在一起可以帮助他们补上失去的接触时间。宝宝深知其中的道理，如果妈妈白天不在，母乳喂养的宝宝经常会在夜里增加吃奶的次数。上班族父母的宝宝可能会在白天睡更长时间，这样他们会有精神晚点睡，和爸爸妈妈一起睡。宝宝有自己的方式知道该如何从父母那里获得自己茁壮成长所需的东西。如果你在夜里继续享受与身边的宝宝在一起的时光，你会感到更快乐，与宝宝的关系也更亲密。

• 亲密小贴士

后奶是"成长奶"

在儿科诊所，我们经常建议夜里给增重不足的宝宝喂奶。夜里喂奶的妈妈能够分泌含脂更高的"成长奶"——后奶。喂奶时，前奶热量较低，而喂奶后期分泌的后奶脂肪含量更高，这种高脂后奶有助于宝宝的大脑发育。

我们两岁的女儿会在自己准备好睡觉时告诉我们（"睡一睡，妈妈"）。她和我会进行一个美好的入睡仪式：我们一起上楼去卧室，一起读些书，然后她会下床关灯，我们俩很快就会相拥而眠。这种仪式使她对睡觉形成了积极的态度，我们因此避免了因睡觉而产生的冲突。

帮助建立父母与宝宝之间的信任。与宝宝睡在一起，你不用说一句话就能整晚都向宝宝传递"我在乎你"的信息。当宝宝醒来有些不安时，你就在他身边，这意味着你可以迅速、恰当地做出回应。你告诉宝宝，他可以信任你能满足他的需求，并在他需要时陪在他身边。你不理睬那些批评同睡的人和"婴儿教练"，坚持让宝宝睡在身边，这就是在向宝宝表明你对他给出的信号很信任。

要么你在孩子还是宝宝时和他一起起床，否则等孩子长大了，你不得不和他一起起床。

亲子同睡：如何让它发挥作用

谁睡在哪儿？性生活怎么过？这些都是与亲子同睡相关的现实问题。下面提供的建议可以帮助全家人应对亲子同睡带来的问题。

夫妻双方要达成一致。所有的亲密养育要素，尤其是亲子同睡这一条，应该会让夫妻更亲近，而不是分离他们。除非夫妻双方都支持同睡的安排，否则亲子同睡是不会有效果的。大多数爸爸，甚至是起初不太情愿的爸爸，都会发现睡在宝宝身边有助于自己与宝宝更亲近。我们通常建议爸爸在这件事上赞同妈妈的想法，毕竟宝宝夜间醒来，妈妈的睡眠才是最受到影响的。

> 我的丈夫主动提出要和宝宝睡一起，因为他厌倦了每次都要起床将宝宝从婴儿床上抱到我怀里喂奶。

睡特大号床。用你打算买婴儿床和一堆没用的塑料婴儿用品的钱，阔气地买一张大床。如果床很大，一起睡就会舒服得多。

拓展你的床。有的妈妈和宝宝发现，他们睡觉时需要有一点距离，两个人才都能睡得好，睡得舒服，不会经常醒来。如果你属于这样的情况，你或许可以尝试一项新发明——副床，这是一种像婴儿床一样的床，可以安全紧贴地装在大床边，副床的床垫和你们的床垫一样高。宝宝醒来要吃奶时，你可以轻易地将宝宝移到你们的床上，之后也可以将他放回去。

尝试不同的睡觉安排。有的爸爸喜欢让宝宝睡在他们夫妻中间，有的爸爸在宝宝靠得太近时睡不好。和学步幼儿睡在一起极富挑战性，因为他夜间的体操动作，往往到后来会变成将头朝着妈妈，而凉凉的小脚丫架到了爸爸头上。爸爸醒来后非常不爽，命令说："他必须离开我们的床！"所以，对许多家庭来说，更好的安排就是让宝宝睡在妈妈和护栏中间，或者睡在妈妈和墙之间（床垫必须紧挨着墙，没有缝隙）。有的父母在和小宝宝同睡期间会撤掉床架和床头板，认为这样更安全一点。

安全同睡

如果你遵循常识，并做好以下安全措施，亲子同睡实际上对大多数父母和宝宝来说，是最安全的睡觉安排。

- 如果你服用了某些药物（处方药或其他药物），也包括酒精和安眠药，其药力会影响你的睡眠和知觉，或者会让你对宝宝的存在感觉迟钝，那你就不要与宝宝睡在一起。
- 如果你过于肥胖，就避免与宝宝睡在一起。肥胖会影响睡眠模式，让妈妈对宝宝的感知力降低。妈妈庞大的身体和乳房也有造成宝宝窒息的危险。
- 让宝宝和保姆睡在一起时要小心谨慎，因为其他看护人不会像妈妈那样有感知力。
- 不要让哥哥和姐姐与小于九个月的小宝宝睡在一起。
- 避免和宝宝一起睡在长沙发、豆袋椅、水床以及一切表面容易下陷的物体上，宝宝的面部可能会埋进去或者被挤到柔软的缝隙里，导致不能呼吸。
- 不要佩戴悬挂的首饰，睡衣上的丝带不能长于二十厘米，宝宝容易被这些东西卡住。
- 避免使用刺激性的定型水、除臭剂和香水，这些可能会刺激或堵塞宝宝细小的鼻道，所以等你们夫妻重新拥有独睡时间之后再用。
- 将宝宝放到床上后，让他平躺着睡。
- 同睡时，宝宝的穿着要适当。成人的身体可以产生足够的热量，那些厚重的毯子或睡袋是为独自一个人睡的宝宝设计的。
- 一定不要在宝宝睡觉的地方抽烟。

夜里共享一段时间的睡眠。 所有的亲密养育要素都不是要么不做，要么全做的极端安排，亲子同睡也不例外。许多夫妻会先让宝宝睡在婴儿床上，这样他们就能享受一些私人时间。等宝宝在夜里醒来的时候，爸爸或妈妈再去抱他过来，让他和爸爸妈妈一起睡到天亮。如果宝宝在床上，爸爸睡不好的话，妈妈往往会选择在宝宝清晨醒来时，再将宝宝抱到大床上，这样的话，等爸爸上班后，妈妈和宝宝还能一起再睡上几个小时。在另外一些家庭中，爸爸妈妈夜里会有一段时间分开睡，这样，妈妈和宝宝就可以睡在一起，而爸爸也可以睡个好觉了。

不要让其他孩子也睡在你们的床上。根据我们的经验，让小宝宝和学步幼儿一起睡在你们的床上，效果不好，也非常不安全。明智的安排是让小宝宝睡在你的床上，而大孩子睡在附近的"特殊床"上——一张放在大床边的沙发床或是放在地板上的儿童床垫。这样，没有人会感到自己被遗忘了，大家都有足够的睡觉空间。

睡在宝宝身边性生活怎么办

主卧室并非夫妻生活的唯一场所，家中的每一个房间都可以。你也可以将熟睡的孩子搬到另一个房间，或者先放在宝宝自己的房间，在你们享受过二人世界后，再将宝宝抱过来和你们一起睡。小宝宝对四周的事物还没有什么意识，不会明白身边发生了什么，所以，如果宝宝才几个月大，你们在家庭床上做爱也没有问题。

宝宝自己睡：脱离夜间亲密关系

新父母们常常会问这样的问题："宝宝什么时候能离开我们的床

第八章 亲子同睡

呢?"他们担心宝宝会习惯于和他们睡在一起,永远都不想自己一个人睡。的确,习惯了高质量睡眠的宝宝是不愿意接受睡眠降级的,但是当孩子准备好的时候,最终会自己离开你们的床——或者当你准备好了,去帮助他们离开。在许多家庭,这个过程有时从孩子两岁开始。下面的一些方法可以让你促成宝宝自己睡。

● 夜里增加妈妈和宝宝身体上的距离。将宝宝轻轻从你们的床上移到床边的婴儿床上,放下贴着大床那侧的婴儿床护栏,床垫保持和大床的床垫同一高度,床架牢固地拴在一起。这被称为"侧车"安排。

● 卧室里放一张沙发床,或者在地板上放一个儿童床垫,睡觉前和宝宝一起躺在这张"特别床"上,哄他睡觉(对学步幼儿和上幼儿园的孩子使用"特别"这个词,能让你受益匪浅)。如果宝宝整夜都睡在那儿,你就要做好卧室里婴幼儿的安全措施,将卧室门也关上。

● 鼓励爸爸采用"'戴'着宝宝哄睡觉"的方法或者利用其他固定的睡前活动来哄宝宝睡觉。这会让宝宝了解,除了吃奶,还有其他的方法让自己睡觉。对于学步幼儿,睡前活动可以更丰富一些,例如先读一些书,接着关灯,开始睡前祈祷或者讲睡前故事,然后抚摸宝宝的后背,再然后就放一点催眠的乐曲。你们可以一起睡着或者你可以在宝宝睡着后离开。你还可以告诉宝宝,你会在他睡着后来看他,如果宝宝希望灯开着,就等他睡着了再关掉。等宝宝长大些,他会乐于自己看(或读)书直至睡着。

● 等宝宝准备好,或者你感到他可以自己睡,而你也准备好的时候,你就可以帮助他在自己房间、自己的床上睡觉。如果需要,你可以实施"开门"政策,并在过道上装上夜灯,这样如果宝宝需要在夜里加入你们，他知道自己是受欢迎的。你可以决定是让他上床和你一起睡，还是让他轻轻地睡到你旁边的"特别床"上。

● 预期上幼儿园的孩子，甚至是上小学的孩子，在有压力的情况下，会定期在夜里回到你们的房间，甚至是你们的床上，借此获得安全感。

我们的女儿四岁了，一直和我们睡在一起。不久前，她自豪地宣布要搬回自己的房间，几天下来，她自己睡得很好。有一天，她来找我，看起来很苦恼，我觉得她都快要哭了。究竟发生什么事了呢？原来她听说自己小伙伴的爸爸妈妈不再相爱了，要离婚。在这之后，女儿在自己的房间里就睡不着了，她非常需要继续和我们睡上一段时间来获得安全感。

有些学步幼儿精力旺盛，父母迫不及待地想让他们搬离自己的床，即便是这样，父母心中仍然会出现一些矛盾心理。内在有一个声音说你准备好了，另一个声音说你还没有准备好，你会想念这样的亲近。这些感受都很正常，你在宝宝断奶、上幼儿园、上初中以及上大学时都会经历类似的感受。如果你的孩子真的准备好开始像大人一样自己睡觉，他会很轻松地回到自己的床上。如果搬离你们的床会让他痛苦地挣扎，你可以先缓一缓或者一步一步慢慢来，比如先开始和他一起躺在单独的床垫上。信任你的直觉，你会知道自己是在体验正常父母看到孩子成长太快而产生的依依不舍，还是正在强迫孩子去做他没有准备好的事。

断夜间奶：夜间奶的十一种替代方法

宝宝喜欢在夜里吃奶，谁又能责怪这些整夜品尝美味的美食家呢？他们最喜爱的餐厅氛围很宁静，服务员很熟悉，菜品超级赞，他们还非常喜欢这家餐厅的管理模式：二十四小时通宵营业——啊！生活多美好呀！然而，往往会有那么一刻，这样的夜生活让妈妈感到无法休息好。

当同睡行不通时

有些妈妈对夜里频繁醒来喂奶感到烦扰不已，她们的睡眠周期无法与宝宝保持一致。这种情况下，可以不断尝试其他睡觉安排，例如，在床边放上婴儿床或副床，一直试验直到找到一种合适的安排，让全家人都能获得最好的睡眠。

亲子同睡并不总能行得通，有的父母就是不想和宝宝睡在一起。记住，亲子同睡是选择性的亲密工具，如果你不和宝宝睡在一起，不代表你就是个不称职的妈妈。试一试，如果行得通，你也喜欢，那就继续；如果行不通，就尝试其他的睡觉安排。有的宝宝在爸爸妈妈身边睡不好，有的父母试过之后发现，和宝宝睡在一起不如其他一些回应宝宝需求的方式效果好。只有你可以决定，什么对你和宝宝最适用。作为亲密养育型父母，你在夜里要开放式接收宝宝的需求，也要了解，宝宝的需求（和父母的需求）是会改变的。大多数家庭的睡眠安排会随着宝宝的改变而发生变化。

如果你因为夜里频繁喂奶而感到疲惫，首先问你自己这个问题的严重性。你的睡眠是不是缺乏到让你第二天都不能正常运转的地步？或者，这只是宝宝一个暂时的阶段，夜里频繁吃奶的需求最终会减少？在刚开始养育孩子的时候，我们就学到了一个重要的育儿原则：如果你不喜欢，就要加以改变。

> **• 亲密小贴士**
>
> 如果你讨厌上床睡觉，觉得这对你而言是工作而不是休息，那这就是一个信号，提示你需要对夜间育儿的方式做出改变了。

你可以尝试以下替代整夜喂奶的方法。

1. 让宝宝在白天吃饱。学步幼儿在白天往往忙于玩耍，会忘记吃奶，或者妈妈在白天很忙碌，会忘记喂奶。但到了晚上，你就近在咫尺，很自然地，宝宝想要补上白天错过的吃奶时间。你可以在白天小睡，喂奶几次，这有助于你获得休息，并且让宝宝补上吃奶时间。

2. 增加白天的亲密次数。学步幼儿日趋独立的过程，往往是向前走两步，退后一步。在进入新的生长阶段时，例如从爬到能走了、适应新的看护人、适应搬家等，学步幼儿往往会增加夜里的吃奶次数。你可以用背带兜着宝宝在屋子里到处走，和宝宝一起睡午觉，或者提供宝宝喜欢的特别的触碰。

3. 睡前让宝宝吃饱。在你上床睡觉前，将宝宝唤醒，让他好好吃一顿奶，这样可以鼓励他连续睡较长一段时间。宝宝睡觉前，你也让他饱餐一顿，你可能需要唤醒他好几次，以确保他有足够的吃奶时间。半夜喂奶时，你要稍微清醒一些，关注一下宝宝有没有好好吃奶，鼓励他有效吮吸，让他吃到大量的奶，这样他就不会在两小时内肚子又饿了。

4. 让宝宝习惯其他的睡觉方式。可以用背带"戴"着宝宝，哄他睡觉。宝宝吃完奶后不是很困的情况下，用背带兜着他，在屋子里或小区里散步，等他睡熟了，再小心地放到你们的床上，让自己也从背带中解脱出来。爸爸可以利用这个机会接手哄宝宝睡觉的工作。最终，宝宝会将爸爸的怀抱和睡觉联系在一起，也会在半夜接受爸爸的安抚，代替妈妈的乳房。其他哄宝宝睡觉的方法还有轻拍或抚摸宝宝的背部，唱着歌摇晃宝宝甚至是在夜色中随着喜爱的音乐跳舞或者哼唱摇篮曲。

5. 不让宝宝在夜里总能吃到母乳。一旦宝宝吃完奶后睡着，就用手指将乳头脱离他的嘴巴，然后用睡衣盖住乳房睡觉。宝宝如果不能马上找到乳房，可能又会睡着了。如果学步幼儿喜欢和你肌肤贴肌肤偎依在一起睡——这会自然引发吃奶的欲望，你可以在身边放一个枕头或泰迪熊，增加乳房和宝宝之间的距离。

6. 直接说"不"！亲密养育型妈妈很难对自己的宝宝说"不"，但是，有的时候说"不"是必需的，因为你自己的情感或身体快枯竭了。夜间喂奶这项任务对妈妈来说往往并不是很繁重，除非是身体上的原因造成夜里失眠。宝宝长大一些后，就能够接受延迟和替代物了。有一天晚上，我一觉醒来，听到玛莎和十八个月大的马修之间的对话。

马修说："奶！"

玛莎说："不！"

马修说："奶！"

玛莎说："不！"

玛莎当时身体不太舒服，她累得想不出什么更有创意的拒绝。显然，这段"奶——不"的对话不会有什么效果，所以我就介入了，让马修接受了一些我的"奶"。对玛莎来说，说"不"是很难的，但是她也知道自己那天晚上喂奶喂够了。马修在我怀里哭了一会儿，总算睡着了。宝宝知道我爱他、关心他，让他在我的怀里哭泣和让他独自一个人在另一个房间里哭泣是不一样的。

我们下一个孩子史蒂芬，只要不生病的日子，每天晚上会醒两次吃奶。史蒂芬对此感到很满足，玛莎也很满意。但是在史蒂芬二十二个月大的时候，他刚好生病，然后开始每天晚上醒四次，这对玛莎来说有点吃不消。所以，我们决定在史蒂芬每晚第二次醒来的时候，换成爸爸"哺育"。刚开始，史蒂芬会哭一会儿，要花上一个小时的时间才能让他安静下来，三四天之后，他意识到爸爸是个"奶"爸，就又开始能够连续睡长一点的时间了，每晚只会醒来一两次。

7. "奶奶睡觉觉。"宝宝会说话后，你就可以开始输入程序指令了。在十八个月大时，孩子就能理解简单的句子了。当宝宝在夜里醒来的时候，让他放下对吃奶的期待，你可以说："等太阳公公出来了，再吃奶。"当你喂奶，哄他睡觉时（或者是夜里头两次醒来吃奶的时候），他最后听到的话应该是"妈妈睡觉觉，爸爸睡觉觉，宝宝睡觉觉，奶奶（或者是他平时对他最爱的'安抚奶嘴'的称呼）睡觉觉"。当他夜里再次醒来，他首先听到的话应该是温柔的提醒："奶奶在觉觉，宝宝也觉觉。"这个程序可能需要一两周的重复。很快，他就会明白，白天是吃奶时间，夜间是睡觉时间，如果"奶奶"一直"觉觉"，宝宝也会"觉觉"——至少睡到黎明时分。

8. 提供替代人选。护理并不总是代表喂奶，所以，你可以让你的丈夫光荣地加入夜间护理的工作中，这样，孩子就不会总是期待通过吃奶获得安抚。这也给爸爸一个机会培养有创意的夜间育儿技巧，也给宝宝一个机会扩展自己的舒适圈，在夜间能接受不同的人安抚自己。

一个蹒跚学步的孩子夜里要频繁吃奶，对待史蒂芬，我们渡过难关的方法之一就是让玛莎暂时离开岗位，由我用背带兜着他。史蒂芬很快就习惯了我哄他睡觉的方式，当他醒来，我就为他提供他需要的安抚：摇晃他，用颈部偎依的姿势抱着他，用温暖的胸膛抚慰他，或者给他唱摇篮曲。当爸爸替代妈妈去照顾宝宝时，宝宝刚开始会表示抗议，但是记住，让宝宝在关爱自己的人怀里哭闹，与婴儿训练法的"让宝宝一直哭"可不相同。爸爸们，对于夜间育儿的挑战，你要保持冷静和耐心，如果宝宝抵制你提供的安抚，为了宝宝和宝宝的妈妈，你也不能慌乱或生气。

9. 睡觉时增加你们身体上的距离。如果以上建议都不能让你的宝宝减少对夜间奶的需求，而你仍然觉得要继续尝试，可以考虑一下其他睡觉安排。如果宝宝最爱的美食近在咫尺，他当然更容易频繁地醒来。所以，让宝宝睡在爸爸身边，而不是妈妈身边。对于小宝宝（小于六个月），就试试副床，或者采用侧车的安排，婴儿床放在大床旁边或者房间的另一边。你会发现，有了一点距离后，你和宝宝都能睡得更好。

10. 撤出去！如果因为睡眠不足，妈妈感到精疲力竭，全家因为睡眠不足而疏离时，我们就会建议这个办法——通常很管用。如果你尝试了前面9个断夜间奶的办法却没有什么效果，就去另一个房间睡上几晚，让宝宝睡在爸爸身边。在这种折中的情况下，宝宝仍然有个建立夜间亲密关系的对象，他也会意识到自己完全可以不吃奶而安然度过黑夜。此外，你往往会感到惊讶，当只有宝宝和爸爸两个人相处时，爸爸总能创造出特别的爸爸安抚技巧。你可以选在周末或者是某个第二天爸爸不用上班的日子，用两三个晚上进行尝试。你也许得说服爸爸使用这个办法，我们亲身尝试过，效果不错。

11. 不要固执地坚持失败的试验。一定要等到宝宝足够大了，才可以使用这些断夜间奶的方法。你的本能会告诉你，宝宝夜里吃奶是出于习惯，还是出于需要。如果经过几个晚上的尝试之后，宝宝变得更黏人、发牢骚或者在白天有些疏远，你就需要放慢断夜间奶的脚步了。

• 亲密小贴士

如果不成功，就说明宝宝还没有准备好。

和所有其他亲密养育要素一样，亲子同睡也会结束——即使你当初计划的同睡几个月变成了几年。记住，你抱着宝宝、给他喂奶、与他同睡一张床的日子只是宝宝一生中短暂的时光，但是你对宝宝的关爱及付出却会是一生的美好回忆。

当代关于同睡及婴儿猝死综合征的研究

当我和玛莎第一次带宝宝在我们床上和我们同睡时（在20世纪晚

期的美国夫妇当中，我们肯定不是第一对这样做的），还没有出现关于父母和宝宝同睡的研究。但现在，睡眠实验室里的科学家密切关注妈妈和宝宝同睡后会发生什么，他们将结果与宝宝单独睡的结果进行比较。大多数研究重点关注了婴儿猝死综合征，因为亲子同睡的倡导者，包括我们，都相信同睡的做法可以降低宝宝猝死的概率。

早在 1985 年，我在写 *Nighttime Parenting*（《夜间哺育》）一书时，就提出，同睡可以保护宝宝，避免婴儿猝死综合征的发生。我还提出以下假设：在婴儿猝死综合征高危宝宝中，自然的育儿方式（母乳喂养和与宝宝同睡）会降低婴儿猝死的概率。1995 年，我在 *A Parent's Guide to Understanding and Preventing Sudden Infant Death Syndrome*（《婴儿猝死综合征百科：父母如何了解及预防》）一书中，对这个假设进行了更新（见文字框）。

正常情况下，人类会在身体给出信号时自动呼吸下一口气，但是，婴儿的这个机制还没有成熟，在熟睡状态下可能不能很好地运转。许多专家相信，婴儿猝死综合征的发生是因为宝宝在呼吸停止时，没有成功地从深度睡眠中醒来。

威廉医生关于婴儿猝死综合征的假设

我相信，在大多数情况下，婴儿猝死综合征是一种睡眠失常，主要是睡眠中唤醒与呼吸控制的失常。所有的亲密养育要素，尤其是母乳喂养和亲子同睡，都有助于婴儿的呼吸控制，并能够提高母婴间对彼此的感知力，进而提高唤醒能力，降低婴儿猝死的概率。

西尔斯养育百科

我们的新生儿睡在我们床边的摇篮里，有一天晚上，我听到她喘气的声音，我知道宝宝会发出声音，但这些声音不正常。我一将她抱到我们床上，她就又开始正常呼吸了。儿科医生告诉我，我只是太紧张了，如果她的呼吸声没有吵醒她，就没有问题，医生说这是我的问题，如果让宝宝睡别的房间，我就听不到她的声音了。我坚持要求医生检查一下，检查发现宝宝18%的时间有呼吸暂停现象（睡眠中的呼吸中断）。而宝宝和我睡在一起时，我注意到她与自己睡时的不同：她在和我一起呼吸。

目前，还没有研究发现婴儿猝死综合征发生概率与同睡有直接的关联，但是越来越多的研究，尤其是诺特丹大学母婴睡眠行为研究中心主任詹姆斯·麦肯纳博士的研究，对妈妈和宝宝睡在一起后的睡眠行为进行了研究，结果表明，妈妈在场可以对宝宝的生理产生直接的影响。

可怕的伪科学刻意阻碍亲子同睡

1999年9月29日，美国各大报纸和电视台都报道了美国消费品安全委员会的一项名为"儿童睡在大人床上的危害性综述"的研究。这项研究以及它的宣传方式让许多父母心存恐惧。在这项研究的报道出现之后，《纽约时报》《华盛顿邮报》、美国有线电视新闻网以及20/20（美国电视节目）都对我进行了采访。

这项研究发表在 *The Archives of Pediatrics and Adolescent Medicine*（《儿童和青少年医学文献》）1999年10月刊。美国消费品安全委员会审查了美国1990年至1997年间的死亡证明，发现有515例死亡是两岁以

第八章 亲子同睡

下的幼童，他们睡在大人床上。根据报告，在这些死亡案例中，有121例死因是被同睡在一张床上的父母、其他成人或兄弟姐妹压死的，有394例死因是陷在床身结构中，例如，卡在床垫和护栏或床垫和墙之间、陷在水床里窒息而死，或是头部卡进床栏杆里。这些死亡大多发生在三个月以内的婴儿身上。

和其他发表在大众媒体上的研究一样，这项研究既带来了积极影响，也带来了消极影响。从积极的方面讲，这项研究警示了选择和宝宝同睡的父母——很多父母这样做——要注意安全。然而，对于数百万注意安全又负责任地和宝宝同睡的父母，这项研究也引发了不必要的担忧。研究有些过头，提了一条一刀切的建议，建议父母不应该和两岁以下的宝宝睡在一起。

当科学和常识相冲突时，你可以怀疑科学的正确性——现在就是这种情况。同睡本身并不危险，美国消费品安全委员会的睡眠研究估算每年有64起死亡发生在与父母同睡的婴儿身上，但是该研究没有将这些死亡放在大背景下看。事实是，更多的婴儿死亡是发生在婴儿单独睡在婴儿床里的时候。在美国，每年约有5000个婴儿死于婴儿猝死综合征，这个数字要比8年里515例因为没有睡在婴儿床里致使婴儿死亡的数字大得多。如果这些研究人员考察同时期里所有死于单独睡婴儿床的案例记录，那么，他们研究的名称就会变成"婴儿单独睡婴儿床的危害性综述"。与其让父母们害怕和自己的宝宝睡在一起，不如教选择同睡的父母们如何保证安全，这样更为有效。

1999年10月24日，《波士顿环球报》刊登了马克·冯内古特对消费品安全委员会这项研究的评论，这篇题为"谨防伪科学"的评论正确地看待了该研究的失败:"不久之前,母乳喂养几乎被伪科学扼杀,那些伪科学证明母乳喂养的做法不卫生;现在,科学证实了完全母乳喂养的种种好处。就在这个星期就有新闻报道,母乳喂养的宝宝不太可能患上白血病。也许几代人后,我们就会看到研究结果显示,与父母睡在一起的宝宝更少患耳道感染、在学校成绩更好,而且长大后不会轻易相信这类伪科学。"

我们关于"夜间亲密"的实验

1992年,我们在卧室里架起了仪器,用来研究八周大的萝伦在两种不同睡觉安排下的呼吸情形:一个晚上,萝伦和玛莎一起睡在我们的床上,这也是她们习惯的睡法。下一个晚上,萝伦独自睡在我们的床上,而玛莎睡在隔壁房间。我们在萝伦身上接了线到电脑上,记录她的心电图、呼吸动作、鼻息以及血氧含量。(仪器只用来探测萝伦睡眠中的生理变化,并不读取玛莎的信号。)仪器没有干扰性,似乎没有干扰萝伦的睡眠。在两种安排里,玛莎都给萝伦喂奶,哄她睡着,对萝伦夜里的需求也做出敏锐的回应。我和一个技术人员进行现场观察和记录,数据处理由电脑完成,并由一位小儿胸腔科医生盲态解读数据结果。所谓盲态,是指医生不知道数据是关于同睡安排的还是独睡安排的。

研究显示,萝伦睡在玛莎身边时比自己一个人睡时呼吸更平稳,她的呼吸和心率在同睡安排中更加规律,较少出现"下沉",即呼吸的低点和呼吸暂停时的血氧低点。萝伦和玛莎睡在一起的那个晚上,她的血氧没有出现下沉,但在她独自睡的那个晚上,出现了132次下沉。这个

第八章 亲子同睡

实验在另一个孩子身上（他的父母非常慷慨地允许我和技术人员进入他们的卧室）也得到了类似的结果。我们在萝伦和那个孩子五个月大的时候，再次进行了研究。正如我们预料的，两种安排中的婴儿生理上的不同在五个月大的时候没有两个月大的时候明显。

1993 年，我被邀请在第 11 届国际婴儿呼吸暂停大会上展示我们对亲子同睡的研究，因为这是第一个在自然家庭环境里进行的亲子同睡研究。当然，我们的研究经不起科学的严格审查，主要是因为样本太少。我们的目的也不在此，仅仅通过对两个孩子的研究就得出全面的结论未免过于草率，我们只是将这看作前导性研究。但是，我们从中了解到，有了先进的微技术和可以放在家里的无干扰监控器，我的关于同睡保护作用的假设是可以被验证的。我希望我们的初步研究可以促使婴儿猝死综合征的研究人员在自然的家庭环境中进行科学研究，了解亲子同睡对生理产生的影响。

- 睡在一起时，母婴两个会出现更加同步的"唤起"，也就是说，当其中一人惊动、咳嗽或换姿势时，另一个也会出现同样的动作，而且往往是在未清醒的状态下。这些唤起也许就是妈妈在场时，宝宝不会睡得太沉的原因之一。

- 睡在一起时，妈妈和宝宝更容易在更长时间内处于相同的睡眠阶段——快速眼动睡眠阶段（快波睡眠阶段）或非快速眼动睡眠阶段（安静睡眠阶段）。

- 与妈妈同睡的宝宝停留在每轮深度睡眠期的时间更短。有呼吸不规则及呼吸暂停倾向的宝宝均会在深度睡眠期出现症状，所以深度睡眠少，意味着风险小。

● 与妈妈同睡的宝宝更经常醒来，吃奶时间更长，但是，他们的妈妈并没有更频繁醒来。

● 与妈妈同睡的母乳喂养的宝宝倾向于仰卧或侧卧的睡姿，很少趴着睡，正如鼓励仰卧的运动所宣传的，这些宝宝的睡姿可以降低猝死概率。仰卧睡眠运动在过去十年里使欧洲的婴儿猝死综合征概率降低了50%之多，美国的婴儿猝死综合征概率降低了30%。与宝宝同睡的妈妈本能地让宝宝仰卧或侧卧睡觉，因为这种姿势能让他们更好地接触到对方。

其他可以降低婴儿猝死综合征概率的亲密养育要素

在出生前或出生后接触到香烟烟雾中毒素的婴儿，患上婴儿猝死综合征的概率更高，而亲密养育型的妈妈们很少抽烟。

"戴"着宝宝也是降低婴儿猝死综合征概率的一个因素，目前还没有决定性研究可以证明这点，但是有以下发现可供参考。

新生儿加护病房的护士开始使用之前提到的被称为"袋鼠式哺育"的兜着宝宝的方法：宝宝被贴身抱在妈妈或爸爸胸前。与妈妈或爸爸的接触、父母规则的呼吸动作和心跳都有助于宝宝保持更平稳的心率、更均匀的呼吸以及血液中更健康的含氧量。袋鼠式哺育法的研究人员相信，兜着宝宝的父母作用就像是宝宝生理的调节器，包括提醒宝宝呼吸。对刚出生几小时的新生儿的研究表明，妈妈的身体能帮助调节新生儿的呼吸。

当前的研究成果表明，容易从睡眠中醒来是一种保护机制，亲子同睡有助于宝宝容易醒来。独睡看起来不仅对许多宝宝来说是不自然的，对有些宝宝来说甚至是危险的。每年都有更多的研究证明有见识的父母一直以来所怀疑的：亲子同睡不仅安全，而且有助于宝宝健康。因此，我让父母自己考虑这个问题：如果婴儿床少了，婴儿床上发生的死亡是不是也会减少呢？

- **亲密小贴士**

  睡眠深度更高，未必意味着睡眠安全度更高。

第九章

平衡与界限

第九章　平衡与界限

亲密养育法的重点就是使用我们所描述的各种方法来满足孩子的需求。同时，平衡与界限也很重要，这两个概念是与满足需求并驾齐驱的。亲密养育法对父母有很高的要求，既有身体上的，也有情感上的。当这些要求较高，而你应对的能力偏低时，你就可能失去平衡，变得烦躁、劳累和焦虑。你会觉得很难享受和宝宝在一起的时光；你的婚姻可能因为缺乏关注而岌岌可危；或者，你对如何给你的学步幼儿设定界限感到吃力。设定界限是亲密养育法的一个自然因素，因为它也能解决孩子的一个基本需求——知道边界在哪儿。亲密养育型父母会为孩子，也为自己努力把握平衡与界限。

如果妈妈感到与宝宝步调不一致，她就需要重新安排自己的生活，以便可以多关注宝宝，本书一直在告诉你该如何做。当一个妈妈因为宝宝的需求而应接不暇、不知所措时，她就必须找到照顾好自己的办法，以便照顾好宝宝。本章就是讨论这方面的育儿问题——平衡宝宝的需求与妈妈的需求，以及爸爸的需求。如果亲密养育失衡，就不再是真正的亲密养育法了。妈妈精疲力竭，爸爸心不在焉，宝宝要么得不到他所需要的快乐父母，要么得不到他所需要的界限。

• 亲密小贴士

　　在亲密养育的家庭里，界限的设置会更加容易。因为你非常了解孩子，你设置的界限会更加恰当，而孩子信任你，他也更愿意接受你设置的界限。

你的育儿方式失衡了吗——何以得知

"失衡"在每个家庭的定义都不一样，下面一些迹象可以提示你，你满足宝宝需求的方式可能没有达到应有的健康水平。

• 亲密小贴士

　　你大可不必担心自己与宝宝过于亲密了。亲密关系是健康合理的，再怎么亲密也不为过。让你的生活回到适当的平衡状态，相对来说是很容易的。只要稍微退一步，多关注自己的需求就可以了。但如果与宝宝不够亲密，则需要很多年的时间去修复，而且你会感到自己一直在追赶孩子的成长步伐。

"我的宝宝总是需要我，我都没有自己的时间了。"

失衡的原因：飞机乘务人员在讲解紧急措施的时候，总是会让父母先戴上自己的氧气面罩，然后再帮助他们的孩子。如果妈妈不能获得足够的氧气，她就不能帮助自己的孩子。同样，如果你的情感干涸了，在恢复生机之前，你不可能平和地对待宝宝，让他安心。你的宝宝最需要的是个快乐的妈妈，但妈妈在尽力为宝宝提供完美的照顾时，会常常忘记这一点。

解决方案：是的，你不一定每天都需要洗澡，但是你肯定需要给自己一些时间，哪怕只是在浴室里待上十五分钟，不受打扰。每天都给自己留一点时间，如果宝宝不肯睡觉，就让爸爸带他出去散步，你可以在安乐椅上躺躺，或者在浴缸里好好泡一泡。每天都花一些时间让自己在情感上恢复生机（参见"避免妈妈精疲力竭"以及"亲密养育平衡十一诫"相关内容）。

"我对宝宝无休止的索取感到厌烦。"

失衡的原因：厌烦与怒气表明你被逼得太紧了，你的付出超出了你的界限。也许你的宝宝生来就有高需求，也许你因为对自己的育儿能力缺乏信心而难以保持敏锐，也许你身边关爱你的人没有给你足够的支持。

你的厌烦对宝宝来说很苛刻，孩子——哪怕是婴儿——往往能很快注意到妈妈的情绪和态度，你反感的情绪甚至会让宝宝索求更多或者变得更焦虑。当然，亲密养育法可以让你更有韧性，不会轻易被击垮。

解决方案：在刚开始养育孩子的时候，我们就学到了一个重要生存原则——如果你厌恶，就要加以改变。

你需要在亲密养育的过程中找到乐趣，你不会每天从早到晚都感到快乐，但是你应该在大多数时间里感觉良好。你希望自己能给孩子正面的影响，但厌烦却会带来负面的影响。记住，亲密养育法养育的孩子很敏锐，会很快注意到你的情感。

当然，照顾宝宝有的时候是件苦差事，你感受不到什么乐趣，这就是真实的生活。但是，你要记住这样一句俗语："别担心，快乐点。"这才是你想要留给宝宝的总体印象。

有一天，五岁的马修被要求完成一道关于妈妈的填空题："我在（　　）的时候，最喜欢和妈妈在一起。"他填了"妈妈快乐时"。

可以过度亲密吗

一位治疗师曾经对我们说过：有位妈妈来找我咨询，因为她觉得自己与孩子过度亲密了。我对她说，我们无须使用这种说法，亲密关系就像爱一样，怎么会嫌太多呢？你对宝宝的了解怎么会嫌多呢？妈妈与宝宝不会"过度亲密"。如果觉得不适，那也不是因为你太爱宝宝或太了解宝宝所致，问题一定出在别处，也许是你自己没有设定好界限。这个问题的答案不是要与宝宝减少亲密，也不是拉大你和宝宝之间的距离。正确答案是更好地照顾自己，并且认识到，宝宝并不需要一个完美的亲密养育型妈妈。

为了让亲密养育法对整个家庭都适用，有两个条件必须满足。
1. 宝宝需要关系密切的父母。
2. 宝宝需要心情愉快、精力充沛的妈妈。

夫妻双方都对婚姻感到满意，彼此之间才能建立密切的关系。如果婚姻状况良好，孩子也会做得很好。我们曾经为一些夫妻提供咨询服务，引起他们婚姻岌岌可危的部分原因是他们为孩子付出太多，以至于忽略了对方。或者，妈妈越来越关注宝宝，爸爸因为得不到妻子的关注而想退出。

当你的育儿方式不再是亲密工具，而变成控制工具时，亲密关系就会变得不合理，这表现为妈妈为了满足自己对亲密关系的需求而以宝宝的进步为代价。那些童年时有过不合理亲密关系的妈妈更有可能出现亲密问题。此外，如果妈妈自己是分离式育儿的产物，她也可能会过度补偿。如果学步幼儿经历正常的脱离妈妈阶段时，妈妈感到完全接受不了，那就亮起警示的红灯了。亲密关系合理的妈妈这时会注意到孩子要脱离的线索，对孩子加以鼓励。亲密关系不合理的妈妈会根据自己的需求，在孩子应该脱离妈妈学习独立的时候，让孩子仍然依附妈妈。

所以你应该改变什么呢？关于你的宝宝，并没有太多你可以改变的，至少在短期内是这样。

你能减少宝宝对你的需求吗？看看你生活中的其他方面，例如请人帮忙做家务。你要释放工作上的压力，在宝宝还小的时候，不要考虑去当义工，晚餐有炒鸡蛋和水煮蔬菜就好，不要弄太复杂的大餐。

你要明白，虽然宝宝需要很多很多的关注，但并不是所有的关注都必须来自妈妈。在有些你觉得只有自己才能做"对"的事上，你需要稍微放松一下手中的缰绳，让其他人来取悦宝宝，这样你就可以做一些自己喜欢的事。如果爸爸在家和孩子一起玩，你就不要在一旁候着，去散散步，或者去泡个澡。你还可以出钱雇人到家里来陪宝宝玩，自己可以去弄弄花草、缝缝补补，拥有一些不被打扰的自由时间。

如何找到亲密养育治疗师

因为我们为亲密养育出现困难的家庭提供过咨询服务，我们逐渐意识到，找到合适的治疗师非常重要。我们的工作原则是我在医学院第一天就学到的："首先，不要伤害。"治疗师为亲密养育型父母提供咨询时，无论如何不应该提出有可能威胁到母婴亲密关系的建议，而是应该帮助父母走上正轨，让他们和宝宝之间建立合理健康的关系。下面是寻找治疗师的注意事项。

- 治疗师本人也是经验丰富、关爱孩子的父亲或母亲。通过带大自己的孩子所学到的东西，是在心理学课程中学不到的。
- 选择对"依恋理论"与方法有许多实践经验甚至是专门从事亲密关系咨询的治疗师。
- 寻找能够考虑到孩子需求程度的治疗师，你不会希望他将你或你丈夫的需求与宝宝的需求对立起来。
- 如果治疗师提供的建议听起来不真实可靠，换其他人咨询，你是最了解自己和宝宝的专家。

你还可以通过改变自己的态度来消除厌烦。有时候，仅仅是承认自己有一个高需求的宝宝就可以让你的厌烦大大减少。不要再希望他睡整夜觉，要因他的高需求感到高兴，因为你的宝宝是个敏锐并且聪明的宝宝。你要记住，你的宝宝只有很短的婴儿期，你生命中紧张忙碌的这个阶段会随着他的成长而很快度过。另外，和其他高需求宝宝的父母聊聊，他们更能够倾听你的负面感受，比别人更能体会你为什么感到不堪重负，他们或许可以和你分享如何找到平衡的办法，或者你们也可以一起想点子。

亲密与羁绊

亲密养育法是健康的育儿方式，支持并鼓励孩子在恰当的时机独立。羁绊则不同，羁绊是功能失调的家庭动态，父母，通常是妈妈，出于自己的需求，让孩子感到压抑，不能发展自己独立的个性。在这种情况下，妈妈表现得像个孩子，希望孩子能够满足她的需求——她自己童年时期没有得到满足的需求。健康的亲密关系在每一个阶段都会发生改变，随着宝宝越来越成熟，亲密关系会自己调整来满足宝宝成长的不同阶段——婴儿期、学步期、幼儿园时期的需求。如果妈妈不能"放手"，不能逐渐调整身体上或情感上的亲密关系，就会对宝宝造成羁绊。如果你与宝宝的关系不再是亲密关系而是羁绊关系，应该寻求咨询帮助。

与此同时，你需要每天都认真地过，专注于当前。如果你在半夜醒来给宝宝喂奶，那就享受四周的宁静，注视着宝宝，进行冥想，想愉快的事情。注意不要担忧，也不要在脑海里盘算需要完成的其他任务。如果你需要将任务列出，就一一写下来——然后在真正着手去做之前抛开这些任务。如果宝宝需要你在下午用背带兜着他走走，你就出门去欣赏春天的盎然生机或秋日的落叶缤纷，你可以边走边唱，不要担心你此时"应该"在做的事。那些事你总有机会去做，可以是在宝宝不那么需要你陪伴的时候或者在有人帮你照看宝宝的时候。而你现在正在为宝宝做的、与宝宝一起做着的事情，是更加重要的。

你的孩子需要一个在大多数时候保持快乐的妈妈。如果你经常流露出不快，你的孩子很可能会认为你在针对他，他会认为你和他在一起不快乐，而这种感觉会成为他个性中的一部分。如果你很难平息自己的厌烦和怒气，请考虑寻求专业咨询，找出这些感觉的来源以及如此强烈的原因，有助于你平息它们。

在我们第八个孩子出生后不久，玛莎就感到不堪重负了，因为她要照顾两个还穿着尿布的小孩子，还要顾及家里另外几个大孩子的需求。她的压力都写在了脸上，很少露出快乐的笑容。幸运的是，她意识到自己给孩子们带来了什么样的印象，她不希望我们的孩子长大后认为亲密养育很无趣，她也不希望孩子们认为是他们导致了妈妈不快乐。玛莎去寻求了专业帮助，她调整了内心的感觉，擦亮了自己这面镜子，让孩子们可以从她身上看到更好的形象。

"我感觉自己像是个通宵安抚奶嘴。"

失衡的原因：一些大宝宝和学步幼儿喜欢整夜都将妈妈的乳头含在嘴里吃奶。有些妈妈在这种情况下可以睡着，得到休息，但有些妈妈做不到。你知道自己能不能接受这种情况。如果你不能接受夜里与宝宝有这样的亲密接触，并不代表你不是亲密养育型妈妈。在半夜醒来喂饱宝宝的肚子，让宝宝有机会和妈妈再次亲密接触是一回事，而不拒绝宝宝任何时候的吮吸需求，牺牲自己的睡眠，是另一回事。宝宝整夜吃奶会导致妈妈睡眠不足，如果你因此感到疲倦、牢骚满腹，你在白天就不可能是非常快乐的妈妈。如果你开始害怕夜晚，因为那对你来说是工作而不是休息，你就应该知道，是改变现状的时候了。

解决方案：吃奶可能是宝宝在夜里最喜欢的慰藉，但这并不是唯一的慰藉来源。如果宝宝长时间半梦半醒的吸吮让你不适，难以入眠，你在阻止他无休止吃奶的同时，需要找到其他方法加以安抚。参见上一章提到的"断夜间奶"，了解如何应对习惯整夜吸吮的宝宝——我们根据自身经验提供的建议。

"我需要休息，但是我的宝宝不喜欢任何其他人照顾他。"

失衡的原因：健康的亲密养育法要求你与宝宝建立亲密联系，而不是被宝宝束缚，但是许多全职妈妈发现自己与社会脱离了。这个问题不是育儿方式造成的，而是因为在我们的文化中，工作与家庭是被分开的两个世界。在传统文化中，妈妈是宝宝的主要看护人，但宝宝的姑姑、奶奶等家人也会照看他，所以，宝宝对妈妈之外的看护人也能欣然接受，而妈妈身边也会有其他成年人，不该独自困在家里陪伴一个交流能力有限的婴儿。

解决方案：为宝宝提供接受其他看护人的机会。当奶奶过来探访时，你可以在奶奶陪宝宝玩的时候，到其他地方，做些自己的事。如果你的家人不在附近，你可以找一个对宝宝敏锐、关爱宝宝的看护人，比如说一个老奶奶或是一个朋友。

加入一个亲密养育的支持小组。在那里，你会遇见育儿理念一致、对宝宝反应敏锐的妈妈。你可以不用独自一个人带宝宝，而做出一些共同的育儿安排。每周一次的幼儿游戏小组活动，让玛莎可以接触到共同使用亲密养育法的朋友，也让她这个带着好几个小孩子的妈妈能够呼吸到一些新鲜空气。通过这个游戏小组，无论是妈妈还是孩子，都交到了几个不错的长期朋友。

生了第五个孩子——艾琳后,我感到自己需要支持,我和另一个妈妈南希成了朋友。她的孩子和艾琳差不多大,和艾琳一样,是一个高需求宝宝。我和南希回应宝宝需求的方式很相像,我们经常在一起(有的时候一周见面好几次),会分享各自的快乐和所做的尝试,甚至会一起做饭、打扫卫生,还经常帮对方照看孩子。当她和她的丈夫要在晚上外出时,我就会帮她照顾孩子,反过来,她也会帮我。因为南希是个内心非常关爱宝宝的人,她也很推崇亲密养育法,所以,我知道当我去满足自己的需求和婚姻的需要,将艾琳交给南希照看的时候,艾琳的需求也得到了满足。

"我的丈夫想让他的妻子回来。"

失衡的原因:如果你将自己几乎所有的精力都用在宝宝身上(过了最初的几个月),而很少关注自己的婚姻,你的家庭就会失去平衡。你和丈夫之间的关系会恶化,在未来几年里,这也会影响到你的孩子。

解决方案:将你还给你的丈夫。

宝宝的降临并不意味着浪漫的结束,有许多方法可以让你和丈夫重新建立联系。有的非常简单,例如每天抽出十五到二十分钟时间,两个人聊聊孩子和家务之外的话题。邀请丈夫在下班后和你一起散散步,利用这段时间聆听对方,与对方分享你的感受。(散步时,将宝宝兜在背带里,他很快就会睡着。)晚上你给宝宝喂奶,哄他睡着后,可以暂时先将他放在婴儿床上,这样你和丈夫就可以有独处的时间了。你还可以请其他敏锐的看护人照顾宝宝,自己和丈夫出去吃个中饭或晚饭。总之，利用一切机会让你的丈夫知道，你想着他，哪怕在忙着照顾宝宝的时候也是如此。

对于照顾宝宝的事，不要将丈夫拒之门外，试着寻求他的帮助，然后退后一步，不要干涉他照顾宝宝的行为。对丈夫说明，如果他能一起分担照顾宝宝和做家务的责任，后面你会有更多时间和精力留给他。

孩子通过观察父母处理问题的方式，学到很多与人相处的技巧。记住，你正在养育的孩子有朝一日也会成为别人的丈夫或妻子，你希望自己能够为他做出好的榜样。不要忘记，你们成为父母的同时，仍然是婚姻伴侣。

"亲密养育法就是不管用。"

失衡的原因：大多数时候，亲密养育法对大多数家庭都管用，如果它对你不管用，可能是有其他困难或问题阻碍了它的效用。

解决方案：寻求专业帮助。

也许你需要获得帮助，学会如何照顾好自己。你有没有将自己过去的包袱带入你的育儿方式中？需要卸下这个包袱吗？例如，有的女人与自己妈妈的关系陷于困境，她就会想"修正"自己没有得到母爱的经历，试着让自己成为完美的妈妈。有的女人因为有过被性虐待的经历，所以对实践某些亲密养育要素感到困难，她们应该考虑寻求专业咨询。如果你的婚姻不稳固，但怀上了孩子，或者，你或你的丈夫还没有真正准备好迎接为人父母的挑战，那么婚姻咨询会让你们两个人从中获益。这些都是棘手的问题，你们需要治疗师的专业帮助，特别是那些了解依恋理论和亲密养育法的治疗师。

避免妈妈精疲力竭

精疲力竭是精神上过度劳累的状态，妈妈如果失衡得太久，就会感到精疲力竭，她的能量都被消耗光了，到了自己所剩无几、无从付出的地步。但是，她的孩子还需要她，她必须撑下去，因而她变得不快乐、有怨气、身体疲累。她对自己照顾宝宝的能力表示怀疑，抱怨自己没能享受做母亲的快乐。

最积极成为好妈妈的女人也最有可能精疲力竭。你不全力投入育儿、不加倍努力，是不会精疲力竭的。妈妈感到精疲力竭可能是亲密养育法的一个副作用，常常在有高需求宝宝的家庭里出现。

如果妈妈、爸爸和宝宝之间失去了平衡，并且失衡的状态延续很长时间，大人就会出现精疲力竭的情况。问题往往不是出在亲密养育法本身，我们认为亲密养育法存在供需法则，宝宝可能需求很多，但只要对宝宝的需求加以回应，就有助于父母调养生息。对于那些与自己父母不亲近的爸爸妈妈，关爱自己的宝宝，与自己的宝宝建立联系，可以帮助他们治疗情感上的伤痛。然而，有很多因素能够颠覆亲密关系的平衡，导致精疲力竭的发生。这些因素包括高需求宝宝、不被支持的环境、妈妈或爸爸的个人困难、外界的压力以及对育儿不切实际的期望等。

我们曾经在澳大利亚做过演讲，演讲中使用了"沉浸育儿"这个词，而没有用"亲密养育"。观众当中有一位智慧的奶奶，在演讲结束后提醒我们，"沉浸"代表着没过头部式的浸入。自此，我们就不再使用这个词了。

当代的妈妈常常被期待是全能的：能保持一个美满的家，养育出聪

第九章　平衡与界限

明伶俐、富有创造力的孩子，为丈夫提供陪伴和性，工作上或做任何事时都能活力四射。初为人母的妈妈如果试图达到这个超级妈妈的水平，就有麻烦了。学习如何做妈妈是比全职上班还要辛苦的工作，如果妈妈肩负太多其他的责任，缺乏时间照顾自己，她就有精疲力竭的风险。

新父母感到累是不可避免的，有的时候，你会怀疑自己是不是做妈妈的料。但是，在亲密养育法中，精疲力竭并不是必然发生的。下面的一些小贴士，可以帮助你在避免精疲力竭的同时，能够调养生息，成为坚忍、有能量的妈妈。

产假中如何休息

有的时候，比如当我照顾宝宝时，也希望能有人这样照顾我。

记住西尔斯亲密养育法的一条生存小贴士：**宝宝最需要的是一个心情愉快、精力充沛的妈妈。**我们为亲密养育型妈妈提供咨询服务，她们经常会提到感觉自己"与世界脱节"了。她们花太多时间全身心地照顾宝宝，以至于自己没有时间，享受作为一个独立的人或一个婚姻伴侣的生活。下面是你可以尝试的产假中的休息方法。

去散步。除了每天"戴"着宝宝散步，你也可以时不时地自己一个人去走走，让爸爸和宝宝玩一会儿。

去洗澡。玛莎为精疲力竭的妈妈提供咨询时，首先会问的问题就是对方有多少天没有洗澡了。即使宝宝会哭闹，如果你想要冲个澡，也该去冲。将宝宝放在地上的婴儿座椅里，让他看着你。水流的声音以及你故意做给宝宝看的有趣的举动，如一边洗澡一边唱歌，往往都可以让宝宝平静下来。如果宝宝喜欢，你也可以和他一起洗。如果宝宝某一天总哭闹，难以安抚，你可以带着宝宝一起坐到浴缸里，来一次水疗。

尽力让你和宝宝的关系有个良好的开端。如果妈妈生产后立即与宝宝分开，或者母乳喂养困难重重，育儿就很难有个良好的开端。你读这本书的时候，如果宝宝还没有出生，你就可以立即开始仔细做好分娩以及宝宝生命最初几天的安排。现在可以上一门好的生产课，参加母乳会小组会议，了解母乳喂养等知识。[关于如何为宝宝的出生做准备，我们有两本书非常好，分别是 Birth Book（《生产指南》）和 Pregnancy BooK（《怀孕百科》）。]如果你读这本书的时候宝宝已经出生，而你仍然因为不够理想的开始而受到情感上的困扰，现在该是放下的时候了。告诉自己，当时的你已经尽力了，然后将注意力放在与宝宝培养亲密关系上。

忽视负面的建议者。许多人会告诉你该如何养育你的孩子，他们如果坚持你的做法是错误的，就会打击你的自信心。不要与他们争辩，不要花很多时间去想他们的建议，提醒自己，你之所以选择亲密养育法，是因为你有很好的理由，你才是了解宝宝的专家。

让爸爸参与。在爸爸积极参与育儿及照顾新妈妈的家庭里，我从来没有见过一例妈妈精疲力竭的情况。有的爸爸一开始就做得很好，有的爸爸需要一点鼓励。妈妈可以清楚、平和地说出自己的需求，帮助爸爸参与进来。男人猜不透女人需要他们干什么，因为大多数男人不像女人那样对他人的需求很有直觉。所以，不管是希望他洗碗，还是希望他安抚哭闹的宝宝，妈妈都必须告诉爸爸。如果妈妈感到说出自己的要求很困难，那就要亮起警示的红灯，表示可能需要专业咨询了。也许，妈妈有严重的完美主义倾向，认为自己是唯一可以把事情做对的人；或者，

第九章 平衡与界限

她患上了产后抑郁症,很难将自己的需求表达出来。

爸爸照顾宝宝的时候,你不要在一旁监督。爸爸需要自己摸索如何安慰哭闹的宝宝以及如何与开心的宝宝一起玩。如果妈妈在那里监督爸爸的每次拍嗝、每次轻抚和挠痒痒,爸爸是不会对照顾宝宝产生自信的。利用爸爸照顾宝宝的时间,为自己做点事,散散步、逛逛街或者在屋子的另一个角落静静地读一本书。爸爸和宝宝在一起不会有事的。

爸爸和妈妈必须共同满足宝宝的需求和家庭的需求,如果宝宝属于高需求型或者宝宝有特殊需求,爸爸妈妈的协作就更加重要了。如果妈妈一手包揽所有照顾宝宝的事,爸爸就会对应付哭闹的宝宝畏首畏尾。如果妈妈所有的精力都放在了宝宝身上,爸爸会对自己备受冷落而心生怨怼,他可能选择沉迷于工作或家庭以外的活动,接着,妈妈感到精疲力竭,两个人的婚姻岌岌可危,宝宝和父母的关系也可能遭到损害。

比尔的爸爸对爸爸们的建议:当丈夫对妻子的需求能做出敏锐反应时,亲密养育法的效果是最好的。询问你的妻子,你可以为她做些什么。在你准备晚饭、照顾宝宝、照看大孩子或者做其他家务的时候,坚持让妻子放松休息。妈妈们往往对寻求帮助感到难以启齿,因为她们内心某处觉得自己应该能够将这些全部胜任——然而,这显然是不现实的。很少有女性可以与她们的丈夫谈论自己的矛盾情绪,这至少有两个原因:首先,女性在情感上非常注重保持自己在伴侣眼中的"完美妈妈"形象;其次,女性非常清楚,男人会想冲进来"搞定"问题,而她们不想他们用各种改变现状的建议对自己进行轰炸,她们真正想要的只是个能倾听的人。

将外界压力减到最小。 学习如何照顾宝宝，以及如何对宝宝做出回应，是一个浩大的工程。宝宝生命的第一年，你不适宜处理其他事情，例如重新装修、搬家或跳槽（除非新工作更轻松）。如果你的生活中还有其他的难题在夺取你的注意力，例如经济压力、生病的老人或高需求的大孩子，你需要尽力寻求帮助，尽量减少自己的压力。学步幼儿或上幼儿园的大孩子可能会需要你很多的关注，但是他们并不一定需要你给他们亲自缝制精细的服装或者举办有二十个人参加的生日派对。

设定优先顺序。 假设你有这样糟糕的一天：下午两点钟，你还穿着睡衣，经过厨房油腻的地板，坐到摇椅上给宝宝喂奶，从中午到现在，这已经是他第三次吃奶了，这个时候，你会感到自己一天下来什么都没做，你会想，等宝宝平静下来后，你就有一点时间，到时候该干些什么。将事情分清主次，会对你很有帮助。下面是关于如何设定优先顺序的建议。

- **将人放在事情前面。** 这句话帮助许多妈妈顺利度过了忙乱的一周。如果宝宝生病了，妈妈脾气又暴躁，房子里的杂乱还在迅速升级，这时候要记住人的需求是最重要的：宝宝需要安抚；妈妈需要时间休息；爸爸需要有说话的对象；每个人都需要吃东西，所以拼凑一顿饭菜很重要——不需要非常精美。

- **列出清单。** 将你需要做的所有事情列出来，然后加以严谨的评估，给事情加上优先星级：一颗星、两颗星和三颗星。做最重要的事，不要担心其他的事。搞清楚哪些事情是可以由其他人完成的——你的丈夫、邻居、奶奶或朋友，然后给他们也列个清单。很少有事情必须由你这个妈妈完成——那些无人替代的事情，例如喂奶、安抚以及抱着宝宝，最应该引起你的注意。

第九章　平衡与界限

- **拆解任务，一点一点完成**。如果你的宝宝一天吃十二次奶，至少要换十二次尿布，你不可能有长时间的空隙做事。当你列清单时，要确定列出的事情都是小事情，这样你每天都可以完成好几件事，从清单上划去这些事的时候，你会产生满足感（即使你只是划去了一件大事情的几个部分而已）。

- **学会说不**。家里有小宝宝要照顾，是拒绝外面其他任务的很好理由："不行，不好意思，我没有时间为烤饼义卖做饼干，我们刚生了孩子。"或者："不，我今年不能参加俱乐部，我晚上要在家和丈夫、孩子一起。"对你给自己的任务也要学会说"不"："不，我今年不需要考虑重新布置客厅，这段时间我要享受和宝宝在一起的时光。"

- **每天都留一点时间给自己**。如果这不是如此重要的事，我们也不会总是提起。你只有自己照顾好自己，才能够成为宝宝的好妈妈。照顾自己是你的职责。记住，你在照顾自己的时候，也是在照顾宝宝的妈妈，这也是确保宝宝的需要得到满足的重要方式。利用宝宝午睡的时间，做些自己喜欢的事，保持精神的愉悦。每天都让爸爸有机会照顾宝宝，你可以自己出去散散步或者泡个热水澡。当宝宝吃奶时，你可以读一本好书。你也可以租一些自己最喜欢的碟片，熬夜看片（第二天和宝宝一起睡午觉，补充睡眠）。在超市里买你最喜欢的健康食品，期待美好的午餐时光。对自己好一点，因为你对宝宝来说非常重要。

- **走出家门**。不要让自己一个人困在家里，走出家门，和宝宝一起去些地方，即使只是去一趟超市，也是有趣的。你可以带着宝宝去公园、图书馆、附近的咖啡店，去你能遇见其他妈妈的地方。如果没有其他成年人和你说话，整天独自在家带宝宝是很艰难的。

- **抛开完美主义。**亲密养育型父母给自己定下很高的目标，他们想让自己的孩子拥有最好的父母，他们想把每件事都做"对"。但这是不可能的，没有人那么有能耐，可以完全控制自己或者自己的家庭生活。

- **享受现在。**亲密养育法会给你带来回报，让你想为宝宝付出更多，也让你更容易为宝宝付出更多，但是，当这些回报到来的时候，你要能识别它们。也就是说，当你在半夜给宝宝喂奶时，或者在睡前抱着宝宝走动、哄他睡觉时，不要想什么事没有做完，也不要因为睡眠不足而苦恼，相反，当宝宝舒适地躺在你怀里的时候，你要感谢你带来的无比放松的时刻。

重新点燃激情

如果你对我们所描述的妈妈精疲力竭的状态感同身受，那么你可能也了解，这并不是永久的状态。你完全可以从这种状态中恢复过来，重新点燃为人母的激情。只要你利用对自己的认识，换个角度看待生活，你就可以避免再次精疲力竭。

- **亲密小贴士**

    世界上没有完美父母的存在，当然，本书的作者也不是完美的。利用现有的资源尽力去做就可以了，孩子对你的期望不过如此。

第九章 平衡与界限

有了宝宝后生活是怎样的？对这个问题能够做出现实的评估就是一个好的开始，能让妈妈从精疲力竭的状态中解脱出来。宝宝需要很多照顾，他们的需要是不定时的，无法预估，所以妈妈可以忘掉时间表，也不要奢望睡整夜觉。最重要的是，你要了解你的宝宝，要明白他和育儿书里的模范宝宝不一样，你的职责就是对他做出回应——不是将他变得和育儿书里的宝宝一样。

你在从精疲力竭的状态中恢复的过程中，还需要学习你需要做些什么，才能满足宝宝的需求。宝宝的性情因人而异，同样，妈妈的个性也各不相同。如果你是个没有耐心的人，应付一个高需求宝宝，会比一个性格随和、不慌不忙的妈妈困难。你可能需要付出很多努力来减少生活中其他方面的压力，让自己的耐心都留给宝宝。如果你是那种会及时照顾他人需求，但对自己的需求不上心的人，你就要学会了解自己的需求，并想方设法满足它们。

本书在"避免妈妈精疲力竭"一节中所列出的所有建议，都可以帮助你重新安排、重新组合时间，让你可以摆脱精疲力竭的状态，再次成为有效率、心情好的妈妈。最重要的是，不要对自己太苛刻，你是宝宝唯一的妈妈，也就是宝宝所需要的那个妈妈。

育儿药剂

显然，不存在什么药剂让父母服用了之后，可以保证自己满意，孩子情绪健康，但是亲密养育法有类似的效果。假设亲密养育法是一剂药，包装盒内的说明书应该会是这样的。

目的：帮助你成为了解孩子的专家，提高使孩子成长为一个情绪健康的成年人的概率。

用法： 根据需要经常服用、长期服用。

副作用： 刚开始会有些困难，可能会影响事业的发展。如果用量太大，也会造成彻夜无眠和精疲力竭的状态，婚姻也会受到影响。如需削弱副作用，一定要服用适合你的孩子、你自己和你的家庭的剂量。

坚持亲密养育法

对亲密养育法持批评态度的人会立即指出，他们见过妈妈因为宝宝的索求而感到疲惫不堪的情况。如果你正处在精疲力竭的边缘或者担心自己与宝宝"太过亲密"，也许就会对亲密养育法产生某种怀疑。或许你觉得，那些承诺可以让宝宝遵循时间表成长的育儿建议看起来更有吸引力。然而，如果你的高需求宝宝将你推向精疲力竭的边缘，你完全可以确定，在其他更严格的育儿方式下，他也不可能发展得好。

亲密养育平衡十一诫

Ⅰ. 照顾自己。

Ⅱ. 尊重丈夫对亲密养育事项的分担。

Ⅲ. 避免接触不良育儿建议的拥护者。

Ⅳ. 亲近可以帮助你、支持你的朋友。

Ⅴ. 请人在家帮你。

Ⅵ. 了解宝宝。

Ⅶ. 提供孩子需要的，而非孩子想要的。

Ⅷ. 宝宝睡觉时，自己也睡。

Ⅸ. 梳妆打扮你自己。

Ⅹ. 疗治旧伤。

Ⅺ. 认识到自己并非完人。

牢牢记住，平衡是亲密养育法中非常重要的一部分，如果妈妈感到精疲力竭，肯定是某个地方失去平衡了。找出失衡的原因之后，你需要做的就是加以改善。你可能需要做出一项调整，就是改变"应该由妈妈让宝宝不哭"的观点。宝宝哭的时候需要有人做出反应，但有的时候，你找不到正确的反应方式。很多时候，让妈妈休息一下，可以由其他人——通常是爸爸——轮流安抚和宽慰宝宝。亲密养育法是让你对满足宝宝的需求感到放松、舒适，而不是让你担心宝宝的一举一动。如果你总是担心自己做得"不对"，当妈妈这件事就会很难令人满意。随着时间的推移，亲密养育法可以增强你的耐心，让你成为一个更愿意付出的人，也会给你更多的自信。相信自己的能力，让自己成为一个并不完美但是很好的妈妈。

第十章

提防"婴儿教练"

第十章 提防"婴儿教练"

你听过下面这样的话吗？

"让宝宝一直哭下去。"

"不要老是抱着她，会惯坏她的！"

"你最好能让他有固定的时间表。"

"他在控制你呢。"

"你会后悔的，她会一直要求睡在你的床上。"

"什么？你还在给孩子喂母乳？！"

在初为父母的第一年里，总会有人或多或少地对你的育儿方式提出可怕的警告。这些误导性的警告来自那些自诩育儿专家的人，这些人无处不在，他们出现在派对上、家庭聚会上，他们为杂志写稿，甚至在育儿班授课，他们可能没有资质也没有孩子，也可能是专业人士，理应懂得更多。我们将他们称为"婴儿教练"，因为他们的育儿理念接近我们训练宠物的理念。他们最感兴趣的是告诉你如何让宝宝适应你的生活，而不是告诉你如何养育一个快乐、健康、全面发展的人。如果你渴望为宝宝做到最好，或者你害怕自己对宝宝的敏锐回应可能伤害到他，你就容易被他们的训练建议所左右。因此，"提防'婴儿教练'"，也是亲密养育的要素之一。

"婴儿教练"和亲密养育型父母最基本的不同在于对待宝宝哭声的

态度不同。对"婴儿教练"来说，宝宝的哭闹是恼人、烦人的习惯，只有让宝宝改掉这个习惯，才能帮助他们更加适应成年人的环境。而对于亲密养育型父母来说，宝宝的哭声是需要倾听的语言。

有些亲密养育型妈妈不轻易理会类似训练婴儿的建议，但是，对于另一些妈妈，尤其是初为人母、自信不足的妈妈，"婴儿教练"的宣传会种下怀疑的种子，她们会开始怀疑自己是不是真的没有为宝宝和自己做到最好。

如果你将自己归入信心不足的妈妈行列，你也不用担心。每一位妈妈都怀疑过自己的育儿方式能否成功。每一位妈妈也都想过，将宝宝放进婴儿床、自己走开的做法好像不合理。因为你爱宝宝，希望给他最好的，所以你就容易被左右。如果有人表示你的育儿方式可能会伤害到宝宝，你的自信心自然会受到打击。但是，你越是了解亲密养育法，就越能明白"婴儿教练"的育儿方式有何不妥。

婴儿训练法有什么不对

你可以从科学家的角度、妈妈的角度或者是任何一个有常识的人的角度，来看待训练婴儿这个问题。无论从什么角度出发，你都会找到依据，证明婴儿训练法并不是照看人类婴儿的合理方法。

科学依据表明：
科学支持亲密养育法

纵观本书，你会发现，基本上没有研究结果支持"婴儿教练"的观点。

妈妈的生理表明：婴儿训练法与妈妈，尤其是哺乳妈妈的生理不能协调一致。因为宝宝生来就要吃妈妈的奶，而妈妈的泌乳方式告诉我们一些最能满足宝宝需求的方法。制造和分泌乳汁所需的激素，即催乳素和催产素，在宝宝吸吮乳房的时候会分泌出来，但是这两种激素有着非常短的生物半衰期，这就表明它们从身体中清除的速度很快，往往只需几分钟。显而易见，要保持较高的激素水平，频繁地哺乳是必需的。而"婴儿教练"所建议的保持一定的距离，严格按时间表进行育儿，都不是人类养育后代的自然方式。此外，母乳能很快被消化吸收，也表明了妈妈和宝宝应该靠近彼此。妈妈的激素告诉妈妈要待在宝宝身边，而宝宝小小的胃也使得宝宝想让妈妈待在身边。

"婴儿教练"的侧写

大多数正式的"婴儿教练"是独裁型的男士，他们着迷于自己给予建议者的身份，往往忽视那些证明他们观点可能有错的科学依据。一些"婴儿教练"甚至完全无视科学，而不是将自己的建议置于任何科学标准之上。

与某些没有资质的"婴儿教练"不同，一些提倡婴儿训练法的人是拥有高学历和学术界高资质的心理学家或儿科医生，他们同样偏离了宝宝和妈妈的真实情况，提供的建议往往不能反映日常育儿的实际情形。他们的建议基于他们在工作中所看到的案例，往往都是一些疑难和罕见的问题。他们倾向于认为，不能被测验的真实情况，例如，妈妈的直觉和母性的敏感度，都是不能被采信的。他们将照顾宝宝看作科学，而不是艺术，在他们眼里，宝宝是一个项目，而不是一个人。所以，像科学家那样，他们希望宝宝遵循教练设定的固定规则。

"婴儿教练"往往不能容忍个性上的差异，他们急于否定母性的敏感度和婴儿需求水平的差异。他们认为一法通用的做法更具科学性。育儿方式的发展史告诉我们，婴儿训练法会像以往一样，在下个世纪时不时地流行一阵子。我们所希望的最佳情况就是建立为人父母的敏感度，达到一定境界后，父母就不会在亲密养育或婴儿训练法的使用上走极端，而是学会很好地平衡这两种方式。

妈妈如果忽视自己的生理信号，会出现什么状况？要么身体不再给出信号（停止分泌乳汁），要么妈妈变得对信号不再敏感。这就是婴儿训练法"奏效"的方式之一，它会导致敏感的丧失。长期忽视生理信号，你就会失去解读信号的能力，只能依赖时间表和外来的建议者告诉你该如何去照顾宝宝。

我听到隔壁邻居家孩子的哭声，但孩子自己的妈妈却听不到。

妈妈的敏感度表明：妈妈对自己的生理信号回应越多，就会越依靠它们、信任它们，而它们也能更好地为妈妈服务。亲密养育法让妈妈学会依赖自己内在的智慧，也能给予妈妈很多回报。婴儿训练法则是让妈妈依赖一本育儿书、一个时间表或是"婴儿教练"的话，完全不顾父母自身的复杂系统就足以帮助他们认识和了解自己的宝宝。

如果只能用一个词来概括亲密养育法，我们会选择"敏感"这个词。"敏感"表明你对宝宝有感觉（能够感受到他的需求），并且你信任你对宝宝的感觉。敏感性有助于你理解孩子，预测他的行为和反应，并且恰当地满足他的需求。

如果只能用一个词来表明婴儿训练法的特点，那会是"不敏感"。婴儿训练法让妈妈和宝宝保持一定的距离，结果就是妈妈失去了敏感度——失去了对宝宝需求的直觉。不敏感会导致相互缺乏信任，宝宝不信任看护人能满足自己的需求，妈妈也不再信任自己理解和满足宝宝的能力。

有一次，在给一个宝宝做双周健康检查时，我意识到，妈妈在接受"婴儿教练"的教育之后，很快变得对宝宝不再敏感了。检查前，我和这个宝宝的妈妈闲聊，回答她的问题，谈话中间宝宝开始哭了，但那位妈妈还在继续问问题，对宝宝的哭声无动于衷。我的心跳加速了，开始感到着急，但是那位妈妈仍然毫无反应，只是一个劲儿地问我问题。最后，我用一种介于建议和请求之间的口吻对她说："没关系的，你去抱宝宝吧，我们可以在你给她喂奶的时候谈话。"她听了，看了下手表，回答说："不行，还没到她吃奶的时间呢。"这位妈妈在婴儿训练课上被灌输了太多思想，以至于她已经对小宝宝的暗示不敏感了。后来，她花了很长时间才纠正回来。

常识表明：有个有趣的现象，在传统文化中，在人们还没有婴儿家具、婴儿配方奶和育儿书籍的时候，他们的语言中甚至没有一个词能表示"惯坏"宝宝的意思。来自西方文化之外的妈妈如果听到惯坏宝宝和不要对宝宝让步的说法，会当作胡言乱语，根本不予理睬。回应宝宝的需求才是合乎情理的做法，只有妈妈和宝宝可以放松心情，享受彼此时，大家才能都感到高兴。

用常识帮助你像一个宝宝那样思考，你会在以下关于亲密养育的言论中看到真相。（我们提供了解读，使得那些需要的人在心理上更好理解。）

宝宝小的时候，你抱起她，长大后会更容易把她放下。

解读：早期的依赖会促进日后的独立。

宝宝小的时候，你聆听和尊重他，他长大后也会聆听和尊重你。

解读：信任促进交流。

现在你在孩子身上不多花点时间，以后花的时间会更多。

解读：现在节省花费在宝宝身上的时间和精力，很可能使宝宝成为一个难以管教的青少年。

婴儿训练法真的有用吗

"婴儿教练"会坚持说："这很管用。"真的很管用吗？这取决于你如何定义"管用"。忽视宝宝的哭声，最终会让宝宝停止哭泣。不听宝宝的暗示，宝宝会不再发送信号，这是顺理成章的。但是，这些立竿见影的效果会带来什么样的后果呢？从长远看，宝宝从距离中真正学到了什么？宝宝学到，自己的暗示对父母没有作用，是没有价值的。宝宝还会联想到，自己也是没有价值的，毕竟没有人听他们的。整个训练就是让宝宝明白：他们不能与父母交流。

宝宝对这个发现如何处理，取决于他们的个性。不屈不挠型的宝宝会继续哭闹，声音更响、更具要挟性，希望能打破父母设立的障碍。这样的宝宝会变得黏人而焦躁，会耗费许多气力，试图靠近父母和控制他们，一点都不独立。性格随和的宝宝则更容易接受父母缺乏回应的现实，直接放弃，无动于衷，最终成为"乖宝宝"，能遵守定下的时间表，能睡整夜觉，不会让人操心。这时，"婴儿教练"就会声称："这管用啦！"但是，父母会因此付出代价，这类孩子不信任别人，情感冷漠，并会将自己封闭起来。

下面的故事发生在我写这本书的时候。吉姆和凯伦带着他们三个月大的女儿杰西卡来我的诊所做健康检查，他们走进了我的办公室。杰西卡系着安全带坐在汽车安全座椅里，被爸爸妈妈放在几米远的地上。吉姆和凯伦开始和我说话，他们有些问题要问我。在我们交谈的过程中，我注意到他们将所有的注意力放在我身上，很少看向他们的宝宝。他们没有与宝宝进行眼神交流，也没有做任何事试图吸引宝宝的注意力。

在与这对夫妇交谈时，我意识到他们与宝宝之间存在很大的距离。这位爸爸仿佛佩戴了一枚父亲成就奖章一样，骄傲地说："你看她多乖啊，她能一觉睡到天亮！"但是，在我看来，他们之间出了问题。我将杰西卡放在体重秤上，注意到她的体重与上个月相比没有任何增加。当我抱她的时候，我观察到她的肌肉很无力，就像她冷漠的个性一样。她也没有试图与我保持眼神交流，甚至没有偷偷地看我一眼。

随着我对杰西卡进行进一步的检查，我越来越确定她患上了名为"关闭型人格障碍"的毛病（参见第241—242页，了解更多关于关闭型人格障碍的信息）。这个"乖宝宝"实际上没有茁壮成长。我问她父母采用了什么样的育儿方式，他们告诉我，他们每隔三四个小时给她喂一次奶，大多数时间会让她独自待在婴儿床里。她如果在夜里哭的话，会让她哭到自己放弃、自己睡着，他们也没有经常抱她，没有为她付出许多精力。

我问他们："你们从哪里学来的育儿方式？"

"教堂的育儿班。"他们说。

他们是关爱孩子的父母，但是他们没有照顾孩子的经验，容易受到不良的影响。他们衷心地想为宝宝做到最好，但是他们落入了错误的圈子。我对他们讲解了分离式育儿的危害，给他们提供了帮助杰西卡茁壮成长的建议。

两周后，这对夫妇又带杰西卡来做检查，她的体重增长了约0.5千克！这次，她看起来更有活力，在检查过程中，一直看着爸爸妈妈和我。我们将她放进汽车安全座椅时，她甚至哭闹了一阵，她妈妈就抱起她，把她放进背带里。吉姆和凯伦对女儿的改变感到很欣慰，已经着手建立亲密关系了。一个月后，我收到他们给我寄的感谢卡，上面写着："杰西卡成长得很好，谢谢你为我们指明了方向，我们从未想到过去的做法会伤害到她。"杰西卡在父母的亲密养育下会继续茁壮成长，但是我怀疑她是不是还会像以前那么"乖"。

不是所有的宝宝都会像杰西卡那样，对婴儿训练法有如此巨大的反应，他们或许不会短时间停止生长发育，也不会被诊断出健康状况不佳，但是他们可能在某种意义上，没能够茁壮成长。茁壮成长不仅是身体的长大，还指在生理、智力、情感以及精神上都要达到最大限度的全面发展。如果爸爸妈妈拒绝给予宝宝最需要的东西——他们可靠的存在，宝宝是不会茁壮成长的。

采用婴儿训练法的父母也不能取得良好的进步。父母的进步意味着能了解宝宝，对宝宝的信号保持敏感，预见宝宝的需求并做出恰当的回应。进步的最终目标就是你享受和孩子一起生活，与孩子之间的关系让你感到充实和满足。婴儿训练法会阻碍你实现这个目标，让你失去解读孩子的能力（让你更难管教孩子），失去对自己的信任，认为自己不合格，最终让你对自己的人生感到不满。

我儿子在十二个月大的时候经历过一段脾气迸发期，我的第一反应就是像每本育儿书上都会说的那样——忽视宝宝的脾气发作。但我总觉得那样不对，而且那样做几乎没有效果。后来，我与一些亲密养育孩子的朋友进行了探讨，从中学会识别，宝宝的脾气发作是因为宝宝无法抵抗情绪。我意识到，我可以聆听他，和他说话，试图找出他发脾气的原因。这样做并不是"投降"，尽管许多父母对此持批评态度并且试图说服我。相反，这一做法的效果很明显，我开始重视宝宝的情感，并帮助他学会了控制自己的脾气。

为什么婴儿训练法如此盛行

是什么让父母对婴儿训练法的相关建议趋之若鹜？为什么他们会让

其他人的规矩和时间表凌驾于自己对宝宝的了解之上呢？书店里、网络上都有许多更好的育儿建议，各种亲密养育组织和具有丰富经验的父母（这是最好的信息来源）也都提供了更好的育儿建议，为什么婴儿训练法仍然如此盛行呢？

警惕育儿杂志

我为许多育儿杂志撰写过文章，也与许多编辑和出版商讨论过育儿理念。大多数育儿杂志对亲密养育法和婴儿训练法至少给予了同等的关注，但是实际情况仍然是婴儿训练法很畅销。一篇关于婴儿训练课程的专题文章甚至登上了《华尔街日报》的首页。

最好的育儿杂志会平衡不同的育儿方式，但是，许多杂志"以父母为中心"，因为这是杂志的生存方式。做父母的会如饥似渴地阅读标题为《让宝宝规律作息的五种方法》《让宝宝睡整夜觉的十种办法》等文章。下面的文字摘自《父母》在2000年5月刊登的《七天教会宝宝睡觉》一文："即使是聪明的父母也会在睡觉时犯下的错误：一是给宝宝喂奶哄他睡觉，二是摇晃宝宝哄他睡觉……"

从什么时候开始，给宝宝喂奶或摇晃宝宝哄他睡觉变成错误了？婴儿训练法很畅销，虽然这让人感到遗憾，但却是不争的事实。

婴儿训练法很畅销。虽然肯定有数百万的父母认为婴儿训练法的育儿方式不合情理，但是承诺能让宝宝适应父母的生活方式的建议有着巨大的市场。婴儿训练法通过个案赢得了信誉，这些个案里，满意的父母们发誓，控制住哭闹的宝宝拯救了他们的理智，也拯救了他们的婚姻。

养儿育女不容易，婴儿训练法承诺可以让生活更容易，试问，有谁不期待不被打扰，一夜睡到天明呢？

在我们的文化中，大多数成年人当上父母的时候，没有什么照顾宝宝和小孩子的经验。因此，他们没有什么自信，会去寻求建议。亲密养育法给出的信息是"信任你的直觉"，相比之下，不如那些提供具体操作步骤和时间表的育儿方式有诱惑力。我们身处于一个目的性很强的社会，立竿见影的方法——至少是承诺立竿见影的方法——永远很有市场。

婴儿训练法以父母为中心。新父母在寻求建议时，很容易接触到婴儿训练法的育儿主张，它之所以吸引许多新父母，是因为它以父母为中心。婴儿训练法允许爸爸妈妈像制定家务时间表一样制定宝宝的时间表，让宝宝适应父母的生活，这样父母就不需要做出改变了。有人将这些宝宝称为"每日计划宝宝"。

"婴儿教练"认为，亲密养育法过于以宝宝为中心。他们称，父母需要的是一个更加以父母为中心的育儿方式，毕竟大人并不一定需要回应婴儿一时的心血来潮。而且，"婴儿教练"认为，宝宝不应该是家里做决定的人。这些对亲密养育法的控诉反复讲述这样的故事：亲密养育型妈妈从来不对自己的宝宝说"不"，甚至为此牺牲了自己的健康和快乐。我们同意，实施亲密养育法需要把握平衡，我们提倡的育儿方式是建议你基于全家人的利益做决定。这不是让宝宝掌控你的生活，但是"婴儿教练"发现，这样描述亲密养育法比理解婴儿暗示和父母反应的复杂性更容易。

婴儿训练法基于对亲子关系的误解，它假定新生儿的出生是来控制父母的，如果你不先掌握主控权，宝宝就会抢走缰绳、驾驶马车。婴儿训练法在父母和孩子之间树立起敌对的关系，这样的关系不健康。你不应该在以婴儿为中心和以父母为中心之间进行二选一，家庭生活不是竞赛，不是一定要分出输赢。对于家庭来说，目标是每个人都赢。

亲密养育的家庭总是把孩子考虑进去，举个例子，这就意味着，亲密养育型父母去夏威夷度假时，他们的宝宝往往会一起去，父母带着宝宝，是因为宝宝还未断奶或者因为他们就是喜欢和宝宝在一起。而训练有素的宝宝在父母外出度假时，往往会待在家里，由其他人照看。婴儿训练法确实可以让父母更自在，但是要想想这样做的代价。

面对批评

你在成为父母的同时也会成为批评的对象。如果你的育儿方式与亲朋好友知道的不一样，你就会得到许多建议，其中有的建议会让你担心自己的选择是否正确，从而动摇你作为父母的信心。亲友之间如果对育儿观点有分歧，常常会产生隔阂。下面一些建议可以帮助你应对批评，增强对自己所做选择的信心。

让自己身边都是亲密养育型父母。加入一个亲密养育支持小组或者参加母乳会，与志同道合的父母建立友谊。如果他们与你的想法一致，而你也喜欢他们的孩子，你不妨向那些经验丰富的父母寻求建议。你能与他们分享育儿难题，他们会同情你的困难，但不会试图说服你去尝试你不喜欢的育儿方式。

不要让自己陷入困境。 如果你在为你的育儿选择寻求支持，或者你只是需要发发牢骚，那么要选择好说话的对象。如果你在辛勤照看一个高需求宝宝，那么距离那些"乖宝宝"的妈妈远一些，她们的宝宝可能每四个小时吃一次奶，能睡整夜觉，所以你从她们身上得不到你需要的同理心，相反地，她们会建议你不要惯坏宝宝，让你在宝宝哭的时候把宝宝放在婴儿床上不理他，这些都不是你想听到的建议。你最终会觉得，宝宝哭闹是因为宝宝有问题或者你的育儿方式有问题。（记住，这些妈妈有可能在夸大她们宝宝的良好表现。）所以，你应该寻找成功养育了高需求宝宝、经验丰富的父母，他们最有可能表现出同理心，并且为你提供有用的建议。

关闭型人格障碍

在与父母和宝宝打交道的三十年里，我们逐渐体会到孩子的茁壮成长（情感上和身体上）与父母育儿方式之间的相关性。

"你在惯坏宝宝！" 初为父母的琳达和诺姆带着他们四个月大的高需求宝宝海瑟到我的办公室进行咨询，原因是海瑟的生长停滞了。海瑟以前是个快乐的宝宝，因为父母的亲密养育，海瑟得以茁壮成长。她每天都在背带里好几小时，每次一哭就可以得到及时的关爱和回应，妈妈给她按需喂奶，每天大多数时候她都与爸爸或妈妈有着亲密的身体接触。整个小家庭发展良好，他们找到了适用的育儿方式。但是，"婴儿教练"插手了，好心的朋友使这对父母相信，他们在惯坏女儿，女儿在操纵他们，女儿会长成黏人、依赖性强的孩子。

父母失去了信任。 和许多第一次当爸爸妈妈的父母一样，琳达和诺姆对他们的育儿方式失去了信心，他们屈服于同辈的压力，采用了约束性更强、更疏远的育儿方式。他们让海瑟哭到自己睡着，定时给她喂奶，因为害怕惯坏她，也不经常抱她了。两个月下来，海瑟从一个快乐活泼的宝宝变成一个悲伤自闭的宝宝，她的体重保持不变，生长曲线从顶部掉到了底部。海瑟不再茁壮成长，她的父母也未能有所进步。

宝宝失去了信任。两个月的生长停滞期后，海瑟被医生冠上了"发育滞缓"的帽子，准备进行全面的病情检查。琳达和诺姆到我这里来咨询，希望寻求不同意见。我的诊断是海瑟患上了关闭型人格障碍，我告诉他们，海瑟之前的茁壮成长，得益于他们及时回应的育儿方式。那种育儿方式使得海瑟相信自己的需求会得到满足，她的整体生理机能都比较健全。结果，父母改变了育儿方式，以为自己是为宝宝好，却不知不觉地从海瑟身上拔掉了亲密关系的插头。因为促进她茁壮成长的联系消失了，海瑟患上了某种婴儿抑郁症，生理系统的运转也减慢了。我建议这对父母恢复他们原先的亲密养育方式，多抱抱她，按需喂奶，日夜都对她的哭声做出敏锐的反应。果然，一个月后，海瑟又茁壮成长起来。

被关爱的宝宝才能茁壮成长。我们相信，每个宝宝都非常需要接触和关爱，如此才能茁壮成长。我们也相信，宝宝有能力让父母了解自己需要什么程度的照顾。父母的职责是聆听宝宝，专业人士的职责是支持父母的自信，而不是介绍拉开亲子距离的育儿方式，如"让宝宝一直哭""必须时常将他放下"等，从而对父母的自信心加以破坏。只有宝宝才知道自己的需求度，而父母是最能读懂宝宝语言的人。被"训练"不去表达需求的宝宝看上去温顺听话，是"乖宝宝"，但实际上可能是抑郁的，他们现在停止表达自己的需求，长大后，可能会成为不善于表达需求的儿童，最终变成沉默而苛刻的成年人。

选择支持亲密养育法的医护人员。 如果你的财力不允许你有很多选择的话，你可以在第一次去看病时就设定一些基本原则，让医生了解你的育儿方式是什么，告诉他你采用的育儿方式效果很好。如果医生给出分离式育儿建议，例如"是时候让他自己睡了"，你也不用管他，或许你可以回答："我们会做的。"然后，你回家继续按照原来的方式做下去。

威廉医生的笔记： 有三个问题是你永远不该问你的医生的：我的宝宝应该睡在哪里？我的宝宝应该吃多长时间的母乳？我应该让宝宝一直哭吗？这些育儿问题最好去问经验丰富的亲密养育型父母。你可以确信，你的医生在医学院里没有学过这些知识。

考虑来源。 如果批评来自你的父母或公婆，或其他任何你尊重其意见的人，问题可能就比较微妙了。血浓于水，母女间的感情尤为深厚，获得父母对你育儿方式的肯定，对你来说意义非凡。如果你从自己妈妈的角度思考，你会意识到妈妈可能会认为你是在批评她，因为你的育儿方式和她当初的做法不同。你要提醒自己，她在当时的条件下已经做到了最好。你的妈妈（或婆婆）本意是好的，你认为是批评的话其实都出于对你的爱，以及急于传授经验的渴望，因为她认为这些会对你和宝宝有所帮助。同时，注意不要暗示你其实做得比她好。如果你的父母不相信亲密养育法，也不要感到惊讶，他们可能不是反对亲密养育法，只是对它不了解。如果你觉得有用，可以与他们分享亲密养育法的信息，向他们说明你这样照顾宝宝的原因，但不要与他们争吵或者试图证明你是正确的。当你预见到意见分歧时，最好的办法就是绕道而行，换一个没有争议的话题。

如果一些没有经验，也没有资历的人批评你的育儿方式，你大可不予理会。哪怕只是与他们进行讨论都是在浪费精力，有一些"婴儿教练"顽固不化，他们对自己的育儿理念深信不疑，一点都不愿接受其他观点。

我发现，有时候向意见不同的人坦陈自己的疑惑，能够让对方变为自己的盟友，将彼此的距离拉近。对方了解到，我并不是什么都知道，只是和其他妈妈一样，想要尽力做到最好。当别人感到你在情感上需要她时，哪怕只是一点点需要，她便更能认同你的做法。

亲密育孙的祖父母

祖父母可能对亲密养育法没有什么热情，甚至会持批评态度。对他们宽容些，记住，他们成长在另一个时代，根据当时的建议和信息，他们已经做到最好了，而现在轮到你了。你可以自己决定育儿方式，不需要证明你的父母是错的或者让他们对曾经的过错感到歉疚。实际上，简单的一句"我觉得你们把我养育得很好"就可以缓和你与父母之间因为育儿理念不同而出现的紧张形势。当祖父母说"他可能没有吃够奶""什么？你还在给他喂母乳""她永远都会要睡在你的床上"之类的话时，你要知道他们是出于好意，但是不要让任何人打击你的自信心。你可以简单地解释你的做法，但不要太过戒备或引发争吵。

让祖父母帮忙。不要与祖父母纠缠育儿方式的问题，而应在需要的时候，请他们帮忙。祖父母和你一样爱你的宝宝，他们往往能看到你没有看到的需要。如果奶奶主动提出照看宝宝，让"你们两个可以出去玩玩"，接受她的帮助，但是你要让奶奶知道，你希望她能对宝宝的哭闹做出回应。

一个聪明的奶奶会知道，许多第一次当上爸爸妈妈的亲密养育型父母因为忙于照顾宝宝，会忽略照顾自己。祖父母可以成为宝宝和大孩子亲密的重要对象。我记得有一天，一个小孩子走进我的办公室，向我展示他的T恤衫，T恤衫上写着："妈妈今天心情不好，请拨打1-800-祖母热线。"

让你的孩子成为最好的证明。你的孩子将最终成为你最好的宣传，一旦祖父母看到孙子如此关爱、体贴、敏锐、自律，你不用费任何口舌，就能让他们对你的育儿方式心服口服。

我的婆婆看到我采用亲密养育法养育她的孙子，她说："我看到你照顾雅各布的方式，就意识到我在照顾雅各布的爸爸时所犯的错误。我害怕惯坏他，所以忽视了他，他成年后没少吃苦。"

◆ ◆ ◆

我相信，等我的孩子们长大了，他们在家里学到的一些东西会一直跟随着他们，他们会像我们一样，深情地照顾自己的孩子。

保持乐观。如果别人感觉你遭受了挫折或者不快乐，就会建议你改变育儿方式；如果他们认为你对自己的育儿方式很满意，与宝宝在一起很快乐，他们就不会说什么。一句简单的话，例如，"它对我很管用"，就能使你立场稳定，避免不必要的意见。

如何谈论自己的孩子也很重要。可以使用一种被称为"框架"的策略，如果你的学步幼儿正处于高需求、精力旺盛的阶段，批评者摇摇头，说："这个孩子的要求确实多。"你可以将他的话转化为："是的，他个性很强，非常知道自己需要什么。"当有人说："她可真会惹麻烦。"你可以回应："是啊，她挺聪明，好奇心特别强。"

幽默有益。幽默可以让批评者解除武装，当谈话显得沉重，而且没有朝着你想要的方向发展，我们就可以用它来减缓势头。如果有人批评你说："你怎么还在喂奶？"你就回答："是啊，但我肯定她上大学前一定会断奶的。"你对自己的做法如此自信，可以以此开玩笑，批评者在这时候通常就会退却。

让医生做替罪羊。为了家庭的和睦着想，我经常会建议父母将我的建议作为挡箭牌，让祖父母不再追问下去。例如，如果你的公婆对你和宝宝睡在一起的事感到震惊，你只要说："我的医生建议我这样做。"即使你的医生并不提倡与宝宝同睡，你也可以在说这句话的时候将我——威廉医生当作你的第二医生，这样你说起来会感到容易些。在所有的亲密养育要素中，母乳喂养和与宝宝同睡最容易遭到批评。

一般来说，你的孩子会是你育儿方式的最好宣传。一旦批评者看到你的孩子快乐、健康，他们就不得不承认你的育儿方式是有效的。如果他们看到你的孩子长大成人后的样子，则会更加印象深刻。

让我感到困惑，同时又让我感到温暖人心的是，那些在最初几年批评我的人，正是现在注意到我的孩子聪明伶俐且热情的那些人。

第十一章

工作期间保持亲密关系

第十一章　工作期间保持亲密关系

现代社会有许多上班族妈妈，她们在产后是否回到工作岗位、什么时候回去、怎么回去，这些方面都受到诸多因素的影响。经济情况、职业发展、就业保障、个人满足感、养老金和福利等都是必须考虑的因素，还要考虑妈妈上班时有没有高质量的儿童托管。在你要考虑的因素中，最重要的就是妈妈和宝宝之间的亲密关系——妈妈不在身边会怎样影响宝宝发展信任的能力。亲密养育与上班其实并不冲突，你完全可以一边在外上班，一边亲密养育自己的孩子。同样的道理，一些妈妈全职在家，采用的育儿方式也会阻碍亲密关系的发展。玛莎这些年来既养育了我们的孩子，又发展了自己的事业，而我在过去数十年里，也为前来儿科诊所的数百位上班族妈妈提供过咨询服务。我们看到众多的家庭采用了不同的方法解决上班与亲密养育这个进退两难的问题，其中有些方法很成功，有些则不太奏效。以下是我们所知的在工作期间保持亲子间亲密关系的故事。

两个妈妈的故事

在这里向你介绍两位妈妈——苏珊和吉尔，她们两位都在宝宝不满一周岁时就回到了各自的工作岗位。之后，其中一位妈妈保持了她与宝宝之间牢固的亲密关系，而另一位妈妈没有做到。

苏珊在怀上她的第一个宝宝之前已经在职场上工作了十年，从怀孕开始，她的内心就有两种声音在打架，争论她在产后是不是应该回去工作。有事业心的那个声音提醒她，她辛苦工作了这么多年才升到今天的位置，而且她也喜欢自己的工作，工作给她带来满足感；有慈母心的那个声音告诉她，她期盼了这么久才有了第一个宝宝，她真的希望自己成为最好的妈妈，为了宝宝，也为了自己。

因为脑海里一直有这样的斗争，苏珊就开始尽力去了解一切有关育儿的信息，最后她得出结论，母婴之间牢固的亲密关系对宝宝非常重要，也对自己作为妈妈的发展很重要，所以，尽管苏珊计划产后回去上班，但她依然决定尽全力实施亲密养育法。在她的女儿茉莉出生后，她就和丈夫比尔实施了整套亲密养育法。茉莉是个高需求宝宝，苏珊和比尔两个人努力地对她的暗示做出回应。一个月左右紧密的亲密养育后，他们开始看到自己的付出得到回报，茉莉变得更快乐，而且他们能容易地预测她的行为。通过实践，他们也更加了解茉莉需要什么样的育儿方式才能茁壮成长。所以，苏珊决定先从兼职做起，逐步回到工作岗位。苏珊会观察茉莉能容忍多长时间与妈妈分开，并根据宝宝不在身边时自己的舒适程度来做出判断，然后根据这些判断逐渐增加工作时间。苏珊和比尔还精心挑选茉莉的看护人，这个看护人在苏珊回去上班前两周就到家里来学习如何给茉莉最好的照顾。这两周的试用期让茉莉有机会在妈妈的帮助下，慢慢熟悉这个看护人，同时，也让苏珊更加放心，她知道自己不在家时茉莉会受到怎样的照料。

第十一章　工作期间保持亲密关系

苏珊回到工作岗位后，上班都会带着泵奶器，利用午饭和休息时间为茉莉泵奶。尽管与女儿相隔甚远，但泵奶的工作，以及办公桌上茉莉的许多照片都帮助苏珊感觉到与茉莉之间的联系。苏珊会每天打几个电话回家，往往是在泵奶之前，她会向看护人了解一下茉莉的情况。在下班回家的路上，苏珊会打手机给看护人，告诉她到家的时间。如果茉莉饿了，看护人会在那个时候推迟给茉莉喂奶瓶，这样苏珊一进家门，茉莉就会迫不及待地要吃母乳。苏珊往往一到家，就会踢掉脚上的鞋子，抱着茉莉在摇椅上坐下，在茉莉吃奶的时候，苏珊会在脑海里回顾一下今天发生的事情。看护人离开后，等比尔回到家，就要开饭了，一家人可以一起分享轻松的傍晚时光。比尔和苏珊大量削减了其他工作，这样他们就可以将几乎所有不上班的时间都用在与宝宝相处上。夜里，茉莉睡在妈妈身边，经常会醒来吃奶，但是母女俩都不会完全清醒过来。周末的时候，比尔和苏珊会用背带兜着茉莉，在忙于琐事或一起做家务的时候，让茉莉就待在他们身边。

尽管苏珊和茉莉会有一段时间分开，但她们之间的亲密关系持续着，因为苏珊和比尔努力地建立并维持宝宝的信任。牢固的亲密关系在某种程度上让苏珊很难离开茉莉去上班，但是换个角度看，其实苏珊去上班并不麻烦。苏珊对女儿的了解让她选择了正确的看护人，而茉莉因为与妈妈之间牢固的亲密关系，会更容易在妈妈不在时去信任那个同样关爱她、照看她的人。苏珊离开茉莉也会比较心安，因为她会利用不上班的时间继续巩固亲密关系。

下面要讲吉尔的故事了。吉尔也是职业女性，她热爱自己的工作，工作让她获得满足感，她也从未想过怀孕后要离职。在宝宝出生后一周左右，她就已经开始计划回去上班了。在宝宝出生前，吉尔和丈夫汤姆过着非常有规律、有条理的生活，曾经有朋友告诫他们，说孩子会完全打乱他们的规律生活，但他们表示有信心让育儿这件事配合他们本已忙碌的生活。在他们的儿子杰森出生后的几周里，吉尔进行母乳喂养，希望儿子可以更加健康。但是从杰森出生后一个月开始，吉尔就开始断母乳，给杰森改喂配方奶，因为她担心自己上班后，杰森会因为习惯吃母乳而拒绝其他看护人喂配方奶。吉尔希望儿子有固定的作息时间表，这样日托所的工作人员就更容易照看他。吉尔还读了一本关于睡觉训练的书，认为杰森应该睡整夜觉，这样她自己在上班后就能获得充足的睡眠。吉尔尝试了各种装备，包括婴儿秋千、心跳声的录音、自己会摇晃的婴儿床等，这些装备的设计都承诺可以让宝宝需要妈妈的时间少一点。吉尔害怕自己在产假期间太过关注宝宝会惯坏他，还担心与宝宝太过亲密会让她在上班后难以离开宝宝。尽管吉尔和汤姆非常爱他们的儿子，也想给他最好的照顾，但他们发誓不会让儿子控制他们的生活。

等到吉尔开始上班的时候，杰森的吃奶时间和睡觉时间已经基本可以预测了，他每隔三四个小时吃一次奶，每晚能连续睡上六七个小时。吉尔和汤姆对于自己能让杰森配合他们的工作日程感到非常高兴，他们的生活按照他们所计划的那样进行着。然而，经过一段时间以后，父母和婴儿之间有了距离。吉尔和汤姆经常在周末出去吃饭、看电影，将杰森留在家里由保姆照看。杰森开始学步后，容易冲动，很少听从父母的教导，这让吉尔和汤姆头疼不已。吉尔阅读书籍，尝试各种管教方法，甚至去寻求专业咨询，了解该如何应对杰森的行为问题。她的孩子经常让她很困惑，与孩子之间的冲突让她享受不到做母亲的乐趣。正因为她努力地避免与杰森太过亲密，导致她对自己的孩子了解不够，不能在孩子长大后进行有效的教导。

苏珊和吉尔的故事代表着截然不同的育儿经历，我们见过的上班族妈妈中，有的育儿经历与苏珊或吉尔的经历一样，有的则处于这两种极端之间。通过苏珊和吉尔的故事，我们认识到，你完全可以在外出工作期间与宝宝建立牢固的亲密关系，但这需要你做出相应的努力和投入。

我在一家大公司做律师。在儿子出生前，我决定至少母乳喂养他一年。不在他身边时，我也会想方设法母乳喂养，所以我租了一个泵奶器，找到一个像样的包用于装各种辅助用品（奶瓶、毛巾等），在四个月产假之后我回到了工作岗位，到现在已经好几个月了，我不在身边时，宝宝喝的唯一液体还是母乳，都是我每天在办公室积累的。

我在办公室里放了泵奶器——管子、奶瓶以及所有配件（所有人都了解，我需要私人空间的时候会将办公室的门关上）。我的同事大多数是男性，各个年龄段的都有，他们会很好奇，但都很支持我。实际上，有一次公司的法律总顾问来我的办公室谈事情，泵奶器就那样放在他眼前。我以为泵奶器放在那里会让他分心，但他让我放心，因为他是个祖父，所以这根本不会对他产生干扰！有个同事在电梯里看见我带着那个包，开玩笑地问我是不是带了个炸弹，我就告诉他里面放了些什么，结果他的反应比听到里面是炸弹还要惊讶。

我的工作性质常常需要我出门办事，我会带着泵奶器出门。泵奶的时候，我会借一间会议室或其他律师的办公室，任何有隐秘性和电源接口的地方都可以。和我共事的不少男律师最近都有了宝宝，他们的妻子都经历过母乳喂养，所以都乐于为我提供帮助。

  我的丈夫努力地参与了我用母乳喂养孩子的过程，他会确保冰袋冻结实，这样奶瓶可以保持低温。而且，因为我总是丢三落四，他每天早晨都会帮我确定泵奶器有没有装好，将其放在车上。到目前为止，我们一天都没有落下泵奶。

  回去上班最大的困难就是离宝宝太远了，但是通过每天在办公室"喂"他三次，无论发生什么，他总在我的脑海里。更重要的是，只有我能提供的母乳每天都在家里陪着他，在我不能抱他的时候滋养着他，这让我们的一切努力都值得了。

十条小贴士，
帮助你在工作期间与孩子保持亲密关系

  花很多时间相处是建立亲密关系的前提条件，你必须在宝宝给出暗示的时候在场，才能够对之做出回应。当父母由于工作不能在宝宝身边时，就必须付出更大的努力来建立和维持牢固的亲密关系。与宝宝之间有这样的亲密关系，会让你每天都觉得上班离家很困难，但从另一方面来说，亲密养育又可以让你以后工作和育儿都更加容易，因为你和宝宝在一起时，你为他付出了许多，因而你对宝宝的信任让你更有信心，而且你会非常享受自己养育宝宝的时间。

  下面一些小贴士，可以帮助你在回到工作岗位前后保持牢固的亲密关系。

1. 全职在家带孩子的时候全天实施亲密养育法。 尽可能多地实施亲密养育法，学会读懂宝宝的需求，不断摸索恰当的回应。每天至少用背带"戴"着宝宝四五个小时，夜里和宝宝睡在一起，建立非常密切的关系。你在最初几周内获得的对宝宝的了解将会帮助你在回到工作岗位后与宝宝联系更加紧密。

根据我们的经验，在多周密集的亲密养育之后，大多数妈妈都会因为对宝宝非常着迷，而开始重新考虑一些她在怀孕期做出的关于上班和育儿的决定。也许刚开始时，她们觉得自己可以让宝宝配合她们忙碌的生活，但是现在，她们感到必须为了宝宝重新安排自己的生活和工作日程。

> 我全职上班，但是当我在家的时候，我就是全职妈妈。我必须放弃许多只属于自己的活动，但是这样的选择很适合我的家庭。

与宝宝发展牢固的亲密关系，让你有能力做出明智的决定，包括选择替补看护人、安排工作日程以及在不上班的日子里的活动。你会惊讶自己愿意做任何事来保持与宝宝的亲密关系。几周前看起来令人难以接受的泵奶器现在成为你上班时间与宝宝联系的纽带。你还发现，下班回家后最好的放松方式就是和宝宝在一起"什么都不做"。你甚至可能对自己的职业生涯做出不同的决定，考虑减少工作时间或者换一个更方便你照顾家庭的工作。

选择亲密养育看护人

当我为孩子选择保姆时,我会确保她能关爱宝宝,与宝宝建立联系并且能对宝宝的需求做出恰当的回应。

亲密养育法会让你在为宝宝选择替代看护的时候有更高标准。一旦你发现自己与宝宝之间形成的联系非常宝贵,你就会自发地努力不让任何事去破坏它,因为亲密养育已经成为你生活的一部分。当你不得不离开宝宝时,你会希望继续保持这种亲密关系。这不但可以让宝宝在你不在他身边时也能受到亲密的照看,而且前后一致的照看方式也不会造成宝宝的困惑。此外,你采用亲密养育法养育的宝宝对替代看护也会有很高的标准。以下一些小贴士可以帮助你找到一个亲密养育看护人。

重视你的第一印象。 先电话联系,然后见面,再三叮嘱你可能雇用的看护人,要求她按照你希望的方式照看宝宝。但是不要讲得太具体,在你透露你的方法时,了解她本人的照看理念,这样可以避免她只是鹦鹉学舌,顺着你的意思讲。

她会亲密养育自己的孩子吗? 如果你可能雇用的看护人自己有孩子,了解一下她自己采用了亲密养育要素中的哪几个,特别是"戴"着宝宝、母乳喂养和信任宝宝的"哭泣信号"。

试探性的提问。"如果我的宝宝哭了,你会怎么做?""你会怎样安抚她?""你怎么看待溺爱这个问题?""你会怎么哄我的宝宝睡觉?"你通过她对这些问题的回答,可以判断出她是不是一个有爱心、敏锐、负责的人,也可以知道你们的想法是否一致。你还可以大概了解一下她对孩子的了解，可以问她这样的问题："你认为这个年纪的宝宝最需要什么？"

寻找亲密养育的线索。希望她会请你描述一下你的宝宝的情况——他的性情、特殊需求、平时对他管用或不管用的育儿方式等。在面试时，观察她如何与你的宝宝互动，她的行为是发自内心的还是扮演出来的。你也要观察宝宝如何与她互动。因为亲密养育法养育的婴儿通常有洞察陌生人情绪的能力，所以不要急于让宝宝和看护人建立亲密关系，在面试的时候，只让宝宝简单接触她。如果你的宝宝认为她符合你的要求，那么他也会表示同意。在你与面试的看护人接触时，你的宝宝或许就感觉到这个人是不是妈妈认可的。

当然，除了关于亲密养育法的问题，你也应该审查面试的看护人的一系列标准问题，例如健康和安全问题、是否吸烟、是否做过心肺复苏术的训练（要求她出示证书）、能否开车、能否预防事故等。

明智的做法是，让看护人和宝宝在你在场的情况下相处一段时间。这种逐渐的熟悉过程不仅能帮助宝宝和看护人互相了解，也让你可以向看护人示范如何照顾宝宝。然后，慢慢离开你的宝宝，逐渐延长你离开的时间。如果你一下子就投入每天八小时、每周四十小时的工作，你的宝宝很难不抗议。

展示与讲解。如果你感觉看护人是一个爱护宝宝的人，你还要具体告诉她，你希望她如何照看宝宝。让她了解你知道的管用和不管用的方法。先告诉她，你不是那一类让宝宝一直哭的妈妈，你希望宝宝哭的时候可以得到疼爱的回应。同时告诉她，宝宝习惯经常被"戴"在身上，并且教她如何使用背带。如果你的宝宝习惯吃着奶睡觉，向她说明抱着喂母乳以外哄宝宝睡觉的方式。看护人不可能用自己的乳汁喂你的宝宝，但她仍然可以用喂奶的方式哄他睡觉。记住，"看护"不仅仅是喂奶，还有安抚，任何爱护宝宝的看护人都可以哄宝宝吃奶睡觉。可以告诉她，你希望她晃着宝宝、哼着歌哄他睡觉，必要时甚至需要在宝宝睡着后躺在他身边。然后告诉她将宝宝兜在背带里引导他午睡的方法，例如在午睡时间到来前就"戴"着宝宝四处走走，然后轻轻把他从背带中移到婴儿床里（参见第 153 页，了解更多"戴"着宝宝的信息）。

婴儿背带是我用过的设计最精巧的东西。我用它兜着宝宝去上班、在家里到处走，哪怕到日托所去接宝宝回家的时候，我也靠背带与宝宝重新联结，建立亲密关系。

与宝宝重新联结。 去日托所接宝宝的时候，你可以稍微享受一会儿宝宝和你拥抱、亲昵的时间，也可以坐下来给宝宝喂奶，听看护人讲讲宝宝今天的情况。

等你选好了看护人，就可以开始一段试用期，看看你、宝宝以及看护人是否合拍。下面几个方法可以帮助你。

- 将宝宝当作"晴雨表"。如果在一两周熟悉彼此的时间后，宝宝变得黏人、生气、挑衅、失眠或者对亲密的热情消退，要么是因为看护人不合适，要么是你回到工作岗位的时机不对或工作时间太长，要么是两方面原因都有。

- 将看护人当作"晴雨表"。她是喜欢和宝宝待在一起，还是表现得疲惫、烦躁、紧张，你一回家就急着想离开？

- 临时抽查。偶尔你可以没打招呼就回家，要么早点回家，要么在午休时间回家。

- 对于一对一的看护人，如果看护人带着宝宝去一些你熟悉的宝宝游戏组织，你可以问问组里其他宝宝的妈妈，了解一下她们看到的照看情况。

简而言之，在做最后决定的时候，问问你自己："宝宝对这个人的印象好不好，是我希望的那个样子吗？"她是你希望宝宝去建立亲密关系的人吗？

2. 提前计划，但是不要过于提前。 不要老是想着自己需要回到工作岗位的日子。如果你不停地问自己怎么能离开宝宝，就很可能让自己避免与宝宝进一步亲密。有的时候，妈妈会在潜意识里不允许自己真正融入与宝宝一起的工作与育儿生活，以此来保护自己将来不会因为分离而痛苦。问题在于，压抑情感和敏感度会对妈妈和孩子的关系产生长远的影响。所以，充分享受你的产假，不要让担心剥夺你这几周或几个月当全职妈妈的乐趣。同时要记住，对将来的分离最好的准备就是现在建立起牢固互信的关系。

3. 找一个拥护亲密养育法的看护人。 如果你打算雇用的看护人自己也是位妈妈，你可以在面试她的时候，询问她是否实施亲密养育法以及实施的程度如何。她看起来是不是一个会关爱宝宝的人？你可以问一些开放式问题，例如："我的宝宝哭的时候你会怎么做？"你希望她的回答可以体现出她对宝宝的敏锐反应，例如"我会把他抱起来"或者"我就是不忍心让宝宝一直哭，他看起来特别无助"。问问她怎么看待每天花些时间将宝宝用背带"戴"在身上。这个人会给宝宝留下什么样的印象？她喜欢亲密养育法吗？问问她对溺爱宝宝有什么看法，这会告诉你她实际是不是一个"婴儿教练"，或者她是不是重视与宝宝的亲密关系。

替代看护人在宝宝的生活中扮演着非常重要的角色。你的宝宝要能信任她，甚至爱上她。这个人的生活稳定而有规律吗？一年后还能够继续带宝宝吗？一旦你找到了合适的看护人，你要很好地称赞和酬谢她。

如果你的替代看护人也采用亲密养育法，那么你回到工作岗位就会更容易些。保姆显然是不能亲自用乳汁喂养宝宝的，也不会像你一样投入，但是如果她能像你那样对宝宝做出及时而恰当的回应，那么她与宝宝相处就会轻松而愉快。这就是为什么在你回去上班前，最好和看护人有一个"展示和讲述"的时间。少则几小时、几天，多则几周，在这段时间里，看护人跟着你实地学习，了解你的宝宝喜欢怎样的照顾。同时教会看护人怎样使用背带兜着宝宝，背带是宝宝熟悉的地方，宝宝也很熟悉被兜着的姿势，如果待在最喜欢的温暖小窝里，宝宝就能更好地适应妈妈不在身边的日子。

在讨论工作期间如何亲密养育时，我们假设你的宝宝会在家里或在家庭式日托所由看护人照顾。我们认为这两个地方比日托中心更好，在中心式日托所里，太多的宝宝在同一间屋子里，轮班的看护人责任心又各不相同。宝宝需要某个固定的看护人对他做出前后一致的回应，而不是每六周就换一个新人。在家里或在家庭式日托所里，宝宝受到的照顾更像是爸爸妈妈的照顾，因为看护人不需要在同一时间照顾太多的孩子。另外，工作单位的日托中心也值得一试，因为距离近可以弥补日托中心的缺点。宝宝离得不远，你就能够每天见他好几次。

4. 继续母乳喂养。让宝宝吃你提供的母乳，是你在回到工作岗位后与宝宝保持亲密关系的重要方法之一。你是这个世界上唯一能为宝宝提供母乳的人，继续母乳喂养可以提醒你和宝宝，你们的关系是特殊而唯一的。在上班时泵奶，可以维持你的泌乳水平，并且让宝宝在你不在他身边时也能吃到母乳。泵奶确实是项挑战，但是它能帮助你获得和宝宝重聚时喂奶的轻松和方便。另外，继续母乳喂养，包括上班时间泵奶，也可以让你体内保持较高的雌激素水平，甚至在上班时间漏奶——会不太方便，但也能提醒你，你是一位母亲，你的宝宝需要你。等下班回家，喂奶是你与宝宝重新建立联系的绝好途径，而夜间喂奶也可以弥补白天错过的亲密接触时间。母乳喂养还能省钱，让你少请假。研究结果表明，母乳喂养的妈妈上班请假少，因为大多数母乳喂养的宝宝不像配方奶喂养的宝宝那么容易生病。

> 我两岁的儿子出了名地聪明、关心他人、有同情心、独立、敢于尝试、求知欲强、勇敢、可靠、快乐，还非常有幽默感。他到哪里都感到自在，我肯定这些品质都是我亲密养育的结果。举个例子，我下班回家后，他会要求我抱着他轻轻摇晃，给他喂奶，这样他就有机会和我重新建立联结，而我也得以放松心情。他在这个时刻获得的精神上/心理上的益处，是真正激励我继续母乳喂养的原因。我不知道有多少健康活泼的两岁孩子能够安安静静地待一会儿，什么都不做，但我的儿子在吃奶的时候可以静静地思考。我相信，他之所以能够持续不断地学习和吸收各种复杂信息，肯定与他能够静心思考有着某种关系。

5. 愉快地分开，幸福地重聚。早晨上班前给宝宝喂一次奶。让看护人鼓励宝宝睡个午觉，这样他傍晚和你相聚时就会精力充沛。让看护人在你下班到家前一小时之内不要给宝宝喂奶,那么宝宝等你回来后就会急着要吃奶。(提前打电话,让看护人知道你到家的时间。)你到家后,与宝宝重新建立亲密关系是头等大事,家务活和准备晚饭都可以等一等。关掉手机,拔掉电话,换上舒适的家居服,放点轻缓的音乐,和宝宝一起窝在你们最喜欢的喂奶椅里,旁边的桌上放上健康零食,舒适地安顿下来。放下其他思绪,将注意力专注在宝宝身上。如果你采用母乳喂养,体内分泌的激素会有放松的作用,能让你从一天紧张的工作中解脱出来。如果你用奶瓶给宝宝喂奶粉,你不会得到激素的促进作用,但是仍然能享受和宝宝在一起的轻松,以及重新当上全职妈妈的满足。

忙了一天后,下班回到家,给宝宝喂奶让我身心放松,比来一杯鸡尾酒效果还好。

6. 上班时想想宝宝。不要在工作和家庭之间竖起一堵墙。每天打一两个电话给看护人,问问宝宝的情况,让宝宝也在电话那头听听你的声音。在办公桌的显著位置放上宝宝的照片,在饮水机边和同事闲谈的时候,也聊聊宝宝的事,要知道,宝宝的话题和"周一足球夜"或者最新的办公室八卦一样重要。如果你母乳喂养宝宝,也不要因为漏奶带来的不便而烦恼,漏奶和泵奶一样,都会让你想起宝宝。

你会碰到一些人,他们会建议你上班时间不要想宝宝,建议你不要在办公桌上放宝宝的照片,甚至不要透露你工作之外还是个妈妈的事实。毕竟,如果你在想你的宝宝,又怎能百分之百地专注于工作呢?你在上班后还会碰到"婴儿教练"的论调,只不过这回他们打着幌子,建议你不要因为离开宝宝而感到歉疚。试问,天底下与宝宝有着亲密关系的妈妈，哪个不会因为离开宝宝身边而感到歉疚呢？你通过亲密养育培养起来的敏感度，使你对离开宝宝感到不安，这是正常的，也是健康的。正是这样的感觉，促使你在离开宝宝身边时，仍然努力地维持亲密关系。不要听信那些让你八小时以内把宝宝关在心门之外的建议，这会使你不再对宝宝敏感，最终会导致你与宝宝之间情感的距离拉长。

7. 亲子同睡。有很多原因使得亲子同睡这个亲密准要素对上班族妈妈特别有用。最重要的是，这会让你在夜里和宝宝重新建立联系，身体上的接触可以帮你弥补白天错过的接触时间。

和宝宝一起睡，也会让母乳喂养更容易进行。聪明的宝宝会在夜里频繁地吃奶，补上白天错过的。和宝宝睡在一起，你可以在夜里频繁地喂奶，而不必完全清醒过来，这样就可以避免侵占自己的睡眠时间。母乳喂养期间与宝宝同睡可以帮助增加乳汁供给，对那些不在宝宝身边就很难泵出足够乳汁的妈妈来说尤其重要。

研究发现，妈妈外出工作的宝宝出现难以入睡的情况越来越常见。和你的宝宝一起睡可以使宝宝避免这种趋势，你的存在有助于调整宝宝的睡眠，让他确定，即使白天的看护人变了，夜里仍然是"属于妈咪和我的时间"。

通常来说，宝宝，尤其是亲密养育法养育的宝宝，都能设法从父母那里得到他们想要的东西，不管父母喜不喜欢。但要小心提防出现这样的情景——你傍晚六点钟左右到日托所接宝宝，看护人告诉你："天哪！多乖的宝宝啊，她睡了一个下午！"你回到家，发现那个白天睡足了觉的小家伙变成了夜猫子。这样黑白颠倒会让你吃不消。宝宝在白天睡觉，不理看护人，为夜里和你在一起而攒足精力，问题是，你回去上班了，通常需要额外的睡眠。这时，让宝宝睡在身边就能帮到你。

另外，让看护人限制宝宝午睡的时间也会有所帮助。甚至是那些之前能自己睡得很好的宝宝，在妈妈开始上班后，也会需要在夜里偎依在妈妈身边睡觉。

作为一个上班族妈妈，我每天都和宝宝一起睡，享受完全属于我们俩的时光。

8. 将宝宝"戴"在身上。你在家的时候，要花时间和宝宝在一起，当你准备晚餐、整理邮件或洗衣服时，都可以将宝宝放在背带里，"戴"在身上。周末，你可以在打扫屋子、散步，或出去吃饭时"戴"着宝宝。如果你在上班时间必须和宝宝分开，那么在其余时间，你应该尽量和宝宝在一起。"戴"着宝宝，你就自然地让宝宝融入你的活动，并且这能时刻提醒你，宝宝在你的怀里是最开心的。同时，"戴"着宝宝有助于你享受只属于你和宝宝的特殊时光——也许只是晚上睡觉前或者清晨上班前的一小段散步。不仅仅是妈妈，爸爸也可以利用这个机会保持和宝宝的联系。

9. 分担照顾宝宝的责任。妈妈回去上班有个意外的好结果，就是爸爸会分担更多照顾宝宝的责任。尊重你的丈夫，让他加入不分日夜照顾宝宝的行列中来。当今社会，如果妈妈要分担养家糊口的责任，爸爸也应该分担照顾宝宝的责任。如果爸爸一开始就参与照顾宝宝——"戴"着宝宝、给宝宝换尿布、安抚宝宝、哄宝宝睡觉等，那么在妈妈回去上班后，宝宝会更容易接受爸爸的照顾。如果你们从宝宝出生开始就一起照顾宝宝，那么一旦你回到工作岗位，一起照顾宝宝就会简单得多（参见第十二章，给爸爸的亲密小贴士）。

10. 寻找适合亲密养育的工作。如果可能，选择可以让你有更多时间照顾宝宝的工作。这个时候，你可以改变自己投入工作的时间和精力。你的时间和精力都有限，而你要确保宝宝得到他所需要的照顾。下面的建议有助于你重新安排你的工作和生活，以便更好地适应宝宝。

● 和雇主商量你的工作时间表，让你可以兼职工作、在家工作或者实行弹性工作时间。在一些单位，这些方案都行不通，但是很多明智的公司领导人意识到，帮助雇员满足家庭需求是有益处的：雇员越快乐，工作效率就越高，也不会想跳槽。

● 如果你的单位有很好的日托所，可以利用起来。宝宝离你近，你就可以在上班时间里过去给宝宝喂奶，重新建立联系。如果单位没有育儿服务，可以考虑和其他有宝宝的员工联合起来，要求雇主提供这项福利。

● 如果你在找工作，尽量找离家近的工作。减少通勤时间，就减少了你和宝宝分开的时间。你可以回家吃午饭或利用休息时间回家喂奶，或者宝宝的看护人可以带宝宝来找你。还有个让宝宝靠近你的办法就是找离单位近的日托所，而不是离家近的。如果宝宝不讨厌坐汽车或公共汽车，你和宝宝可以一起上下班。

● 如果你的工作允许你带着宝宝上班，那就尽管那样做吧，至少在最初六个月里，效果会很好（见第六章"'戴'着宝宝工作"一节中提供的建议）。

● 可以考虑自己在家创业。许多妈妈会在孩子还小的时候，利用这段时间重新评估自己的目标，开始新的职业。你可以从事自由职业，可以在家继续从事你的工作，或者开展新的工作。

忠于自己，也忠于宝宝，这是平衡各方面权益的行为。理想中，你想从家庭和工作中都获得满足感。现实中，你也许并不能从家庭和工作中获得一切你想要的东西，至少不能同时获得。有位妈妈这样说："做全职妈妈对我来说难以接受，而全职工作让宝宝难以接受，所以我就折中一下，改做兼职。"宝宝让父母对自己的时间和能力有了更为实际的认识，这是亲密养育为父母带来的好处之一。你在做决定的时候，要考虑你的实际情况，做到宝宝和工作两不误。

莉莉是一位来我们诊所就诊的妈妈，她是个完美主义者，在工作上很有成就，自己有一间经理办公室，门上的牌子刻着她的头衔，她受到同事的爱戴，收入颇丰，还有很多额外待遇，满足了她的自我价值感。莉莉幸运地有个高需求宝宝，但带这样的宝宝很有挑战性，他们会彻底打乱妈妈们的职业规划。莉莉意识到，由于自己的完美主义倾向，她不可能将两项工作都做到最好，于是，她停薪留职，在宝宝两岁前，当起了全职妈妈。在她和丈夫参加各种社交活动时，她遇见的很多女性都在同时应付事业和孩子。难免会有人问她："你做什么工作？"她会自豪地回答："我是幼儿教育专家。"

在我临死前，我不会想到自己曾乘坐过的企业专机，也不会想到我拥有的高层办公室，我只会想到我所爱的孩子们，以及我的育儿方式给他们带来的影响。

宝宝会如何改变妈妈的职业规划

这个时候，你或许已经明白，我们将自己的孩子和我们的儿科诊所当作一间实验室，用来了解更多现实生活中的育儿经历。有的妈妈按照自己的方式，解决了"要事业还是要养育孩子"这个进退两难的问题，这些年里我从她们身上学到了很多。当她们要我提供关于回去上班的建议或信息时，我从来都是毫不犹豫地劝她们在宝宝出生最初几周里与宝宝建立深厚的亲密关系。我们所了解的关于妈妈和宝宝的一切知识都告诉我们，这对宝宝的健康、快乐和生长发育至关重要。一旦与宝宝的亲密关系建立起来了，这些妈妈愿意做任何事来维持这种亲密关系，这经常让我感动不已。

经常有夫妇在怀孕期间来和我交流，他们要为自己的孩子物色一位儿科医生。妈妈们经常提到她们打算在孩子出生后几周或几个月后回去上班，她们会询问如何才能让这个计划得以成功。我指出，将工作和育儿相结合有一定的危险，其中之一就是会造成距离感，妈妈可能会不让自己在情感上与宝宝过于亲近，因为她们害怕以后不得不将宝宝留给看护人，自己去上班就会很痛苦。我告诉妈妈们，避免距离感的方法就是在最初几周里尽全力实施亲密养育法，这就意味着不用奶瓶，不用安抚奶嘴，没有其他看护人挡在妈妈和宝宝之间。我告诉她们："你不妨在自己能全职照顾宝宝的时候好好享受，因为这六周的产假可能是你一生中唯一让你有这么多时间专注于宝宝的阶段。"这些妈妈进行了两个月超密集的亲密养育之后，出现了以下情况。

两个人变成一个人。现在，妈妈们会将宝宝看成自己生命的一部分，之前她们认为回去上班是平常也是正常的事，但现在她们意识到，自己很难将宝宝留给其他看护人。实际上，她们感觉这就像是要求她们去上班时，将自己身体的一部分留在家里。

妈妈设法调整职业规划。她们会拖延回去上班的日子，想出各种策略来延长产假。有的时候我会帮她们，分享几个我自己的技巧。当我感到某位妈妈在试图抓住一切理由，希望推迟上班的时候，我会问她是否需要医疗授权，延长她的产假。威廉医生写出的标准信就是："因为史密斯太太的宝宝对配方奶过敏，出于医疗需要，史密斯太太需要延长产假，以便安全地满足宝宝的营养需求。"

为避免你认为这是医学上的善意谎言，我要告诉你，上面的说法从技术上讲对所有宝宝都是真实的，至少在宝宝最初的六个月里。在这个年龄段，婴儿的肠道对母乳外的任何食物都过敏，即使有的时候过敏反应只是轻微的，不会让宝宝不适。如果我们整个社会都能更好地领会人类婴儿要吃人奶的概念，大家就会认同母乳喂养的妈妈和宝宝不应该被分开。

生活方式的变化。因为妈妈们会对她们的宝宝着迷，所以她们都会对自己的生活方式和职业理想做出改变。有的妈妈成功开展了网上业务，这使得她们可以在家工作；有的妈妈换了工作，以便适应宝宝的需求；有的妈妈决定兼职工作或者与雇主协商弹性工作时间；有的妈妈进行斗争，要求单位改变产假政策，让办公场所的设施变得更为育儿的父母着想。如果需要选择替代看护人，这些父母会盘问可能要雇用的保姆，并且不懈地寻找，直到找到合适的人选。有的妈妈没有再回到工作岗位，她们调整了家庭财务计划，让自己可以不用上班。

这些妈妈都是怎么回事？一两个月的亲密养育之后，这些妈妈与宝宝建立了亲密关系，她们内心的护犊天性被激发出来，变得更加勇敢，愿意做任何事来保护这段关系。宝宝对敏锐的妈妈竟然能产生如此大的影响。母子之间的亲近让这些妈妈学到了很多——都是从书本里学不到的知识。宝宝向妈妈们表明，她们是如此重要。

维克多出生后，我离开了前途似锦的学术事业，待在家里照顾他。我感到我作为一个妈妈的事业更加前程似锦。

第十二章

亲密养育
爸爸经

第十二章 亲密养育爸爸经

乍看上去，亲密养育要素大多都是关于妈妈和宝宝之间亲密的身体接触的，那爸爸呢？爸爸该如何和宝宝建立亲密关系呢？你可不要误以为亲密养育法只是针对妈妈的，持这种观点的爸爸会错过他们生命中最重要的经历。正是这个经历可以考验他们，让他们成长、成熟，将爱转化为行动。男人当上爸爸，就会显露出独特的关爱技能——你或许从来都不知道自己还有这样的技能。爸爸不能母乳喂养宝宝，但却可以运用其他所有的亲密养育要素，从宝宝出生那天起就开始了解宝宝。如果爸爸参与照顾宝宝，每一个人都会因此受益。

甚至那些对孩子毫无兴趣的男人，在有了自己的宝宝后，也会变得疼爱宝宝。爸爸学习照顾宝宝的方式和新妈妈是一样的——亲自动手实践。你不可能等儿子长大到可以扔橄榄球的年纪再开始介入他的生活，如果你希望他十岁的时候能和你一起用棒球来投球和接球，你就必须在他还是个婴儿时就开始享受和他相处的时间（女儿也是一样的，她还会想要一副棒球手套）。宝宝从一开始就知道爸爸是不同的，如果爸爸经常和宝宝在一起，宝宝会欣赏这种不同。

爸爸参与照顾宝宝，整个家都会运转得更好。亲密养育型爸爸让妈妈亲密养育宝宝更容易，爸爸对宝宝的了解有助于他理解妈妈对宝宝的重要性，这会促使他营造一个支持性的环境，让妈妈可以将精力放在宝宝身上。亲密养育型爸爸会在妈妈感到疲倦、需要休息时，随时接手照顾宝宝。夫妻二人共同分担照顾宝宝的任务，妈妈就不会出现过度劳累的情况，两个人能更好地进步，婚姻也更加美好。

没有丈夫的帮助，我是撑不下来的。

◆ ◆ ◆

他有严肃、大男子主义的一面，但是亲密养育法让他温柔关爱的一面占了主导，这是亲密养育的必然结果。和我们的宝宝一起睡觉，"戴"着宝宝到处走，真的让他成了一个温柔体贴的爸爸，他努力让宝宝在充满关爱和信任的氛围里成长。

我的故事：我是如何成为亲密养育型爸爸的

爸爸们，我将与你们分享我在前三个孩子的养育问题上所犯的错误。前两个孩子出生的时候，我还在进行儿科培训，等到第三个孩子出生的时候，我的诊所开始步入正轨了。那个时候，我将事业看作头等大事，认为赚钱养家是最重要的，我觉得自己可以从行医中获得最多的个人满足感。我自己从小没有父亲，也不知道当一个融入孩子生活的爸爸有着什么样的意义。我将养育孩子的事丢给玛莎——毕竟，她比较在行！我想，等儿子们长大了，我可以和他们一起玩橄榄球，在世界棒球锦标赛期间一起讨论棒球；在他们需要智慧箴言的时候，我能够告诉他们一些。

将孩子排在事业前面。 我觉得自己可以推迟融入孩子的生活，但我错了。即使孩子学步了，上幼儿园了，他们还是需要我，而不是需要我在事业上的成就。我一直没有清醒地明白这一点，直到我获得了多伦多儿童医院儿科住院总医师的职位。多伦多儿童医院是世界上最大的儿童医院之一，它的儿科住院总医师的职位很有威望，今后如果再找工作，我根本不用担心找不到好工作。但是，接受这个职位意味着我必须在周末和傍晚都要加班——一直加班——在医院照顾其他人的孩子，而见不到自己的孩子。我意识到，这不是我想要的家庭生活，所以，我拒绝了这个职位，在其他地方找了个要求没那么高的工作，这样我就有时间享受与玛莎和两个儿子在一起的时光，让生活更丰富。我们经常露营，还参与帆船运动，我开始了解罗伯特和詹姆斯这两个儿子，喜欢和他们相处，我还成功地说服玛莎又生了一个孩子——我们的第三个儿子彼得。这时，我比以前更加融入孩子们的生活了，但作为爸爸，我还有很多东西要学。

孩子使你接受新事物。 下一个孩子海登是我们的第一个女儿，她的出生改变了我的生活，她的个性启发我们创造了一个新词——"高需求宝宝"。这个精力充沛的小家伙一出生就与我们其他的孩子不同，一离开我们的怀抱，她就会不高兴，一放下她，她就会哭。她经常要吃奶，没有任何规律可循。虽然玛莎照顾婴儿已经很熟练了，但是她为了当好海登的妈妈还是付出了很多努力，她为此感到疲惫不堪。我也别无选择，只好抱着她，兜着她，安抚她。海登不是在她妈妈怀里，就是在我怀里。在她吃奶的日子里，我必须在下班回家后接手照顾儿子们的工作。随着我对海登的需求越来越敏感，海登开始信任我了，玛莎也更放心让我来照顾她了。

玛莎和我共同努力，一起经历了海登的婴儿期。我意识到自己的敏感度达到了一个新的高度，这个高需求小姑娘教会了我许多东西。新获得的敏锐感被沿用到我与所有儿女以及我与妻子的关系中，我的家庭前所未有地和谐美满。我也学会更加聪明地管教孩子，没有像那些与孩子保持距离的爸爸那样，只会惩罚孩子和提供忠告，我学会真正了解我的孩子们，特别是海登，因此，我知道该怎么帮助他们，让他们表现得更好。我意识到，你不能根据抽象的概念对孩子加以限制，如果你希望孩子的表现如你所愿，你就必须非常了解他们，他们也必须了解你、信任你。

从出生就开始建立联系。海登之后，我们又有了四个孩子——艾琳、马修、史蒂芬和萝伦。他们每一个都是我成长的一段经历，特别是对马修，我尽了做爸爸的全力，因为那时候我们以为他会是我们最后一个孩子。我觉得和他如此亲近，也可能因为他出生时，是我接住了他（玛莎生得很快，接生人员还没到就生了）。马修可能不记得我颤抖的双手第一次触到他的时刻，但是那一刻令我永远不会忘怀。即使将那一刻换成让我当超级杯的四分卫[1]，我都不会同意。

爸爸带孩子。因为马修，我发现了爸爸"带孩子"的乐趣。玛莎用母乳喂养马修，我会在他吃奶后用婴儿背带兜着他到处走走。我后悔怎

---

[1] 美式橄榄球和加拿大式橄榄球中的一个战术位置。四分卫是进攻组的一员，排在中锋的后面、进攻阵形的中央。

么直到第六个孩子，才发现可以和孩子如此亲近。（我希望读者们可以从第一个孩子开始就尝试这样做！）马修知道我不是妈妈，是另一个爱他的人，一个同样能让他感到满足的人。

马修在我的照顾下茁壮成长。他喜欢在玛莎身边，也喜欢和我相处。我新掌握的安抚宝宝的技能对玛莎很有帮助，她更放心将马修交给我照看，从而可以多一点属于自己的时间，让她能更轻松、更好地照顾家中其他的孩子。玛莎喜欢看我和马修相处的情景——她知道我作为爸爸的温柔也会播撒给她，连我们的性生活都更和谐了。

马修出生后的第一年里，我将儿科诊所搬到了家里改建的车库（我那些十几岁的病人称它为"威廉医生的车库兼身体检查室"）。我在白天会休"育婴假"，能够和马修一起待上很长时间。一年后，我关掉了家里的办公室，将诊所搬到了附近的一幢医疗大楼里。但是，即使我在外上班，我仍然沉迷于爸爸"带孩子"的过程。我和马修以及和其他家人之间的亲密关系就好像一根非常牢固的橡皮筋，它可以拉伸得很长，让我可以去上班、教书、写作，但是它总会将我拉回家。同时，我也会很小心，不会将它拉得太远，以免它变得脆弱，甚至断裂。

孩子让爸爸成长。 马修和我的关系到现在还是让人难以置信地密切。每当他从成长的一个阶段进入下一个阶段，我都会遇到新的挑战——训练棒球小联盟选手、替幼童军策划活动等。如果不是因为这些对马修很重要，我是不会腾出时间参与这些志愿者活动的，但是我从中学到了很多，也通过这些经历，变得更有耐心、更加成熟。

> • **亲密小贴士**
>
> 男人照顾宝宝的样子，真的会唤起女人的兴致。

马修之后，西尔斯家族又增添了两个孩子。但是我的儿女们并没有中断和我之间的亲密关系，他们八个一直都在教我如何成为一个更好的人、成为一个更好的父亲——因为我一直守候在他们身边。亲密养育型爸爸成功了。

在写这本书期间，我有了生平第一次担当新娘父亲的机会——我们的高需求宝宝海登长大成人了。这回，她一如既往，让我们有幸办了一场"高成本"的婚礼。当我带着她进入婚礼殿堂，在婚礼上和她随着《爸爸的小女儿》的乐曲跳舞时，我的脑海里闪现出她还是婴儿时，在我怀里哭闹的情景。我记得她睡在我们的床上，记得她在玛莎怀里吃奶的样子，记得这么多年来我们对这个高需求孩子的养育。现在，她已经是一个美丽、自信、富有同情心的年轻女子，我为她自豪，这种感觉太棒了！

给爸爸的亲密小贴士

亲密关系不会自动建立，必须由你来建立。通过我自己的亲密养育之路，以及其他爸爸与我分享的经验，我了解到，付出得越多，得到的也越多。下面我将为你提供一些亲密小贴士，帮助你与你的宝宝建立联系。挑战一下自己，把这些小贴士付诸实践，在未来的几个月和几年里，你将会受益匪浅。

尽早开始

为人父亲这个头衔在宝宝出生前就出现了。爸爸没有怀孕的身体体验来帮助他们习惯已经有了孩子的概念，但是，爸爸仍然可以利用妈妈怀孕的这九个月开始建立自己与宝宝的联系。

在"我们"怀孕期间，玛莎和我都很喜欢在晚上进行一个仪式，我们称为"按手礼"。每晚上床睡觉前，我会将一只手放在玛莎隆起的肚子上，对肚子里的宝宝说："你好，我是你的爸爸，我爱你，我期待与你见面。"一开始，你会觉得和一个你看不到的人说话有些傻，但是你做的次数越多，你就越感到宝宝真的在听你说话（事实上，他是会听到的）。我们知道胎儿在子宫里是可以听到声音的，一些孕期研究人员认为，胎儿听爸爸的声音会比听妈妈的声音更清楚，因为低沉的声音更容易穿透羊水。研究结果表明，如果爸爸在产前就和胎儿说话，婴儿出生后很快就会对爸爸的声音表现出更大的兴趣。我们知道，当婴儿在刚出生的时候就听到爸爸的声音，他们就会转动脑袋，环视产房，寻找声音的来源，好像在说："我知道你。"

如果你将手放在妻子的肚子上，欢迎那里面正在生长的小生命，想象着宝宝的生长，你也会产生"怀孕的感觉"。（"怀孕"这个词还有饱含的意思，爸爸完全可以感到对正在生长的宝宝饱含爱意。）如果可以，陪妻子一起去做产前检查，你可以听到宝宝的心跳或者看到超声屏幕上他小小的身躯。

爸爸的亲密养育与亲密养育要素

下面列出了爸爸应该如何利用七种亲密养育要素。

亲密养育要素	爸爸该做的事
1. 出生时的纽带	与妻子一起分享与宝宝建立联系的时间；轻抚你的宝宝，和他说话，注视他的脸。如果由于医疗原因，妈妈和宝宝被分开，你就应该和宝宝待在一起，在他出生的最初几小时里让他感受和爸爸的接触。
2. 母乳喂养	"哺育"不仅仅指哺乳，也有安抚的意思。爸爸可以通过其他安抚方式来哺育宝宝。爸爸也可以照顾妈妈，让她母乳喂养更容易。
3. "戴"着宝宝	将宝宝"戴"在身上可以促进爸爸与宝宝的联系，让宝宝习惯和爸爸长时间待在一起。
4. 亲子同睡	支持你的妻子，接受这种夜间哺育方式。如果这种方式奏效，不要给妻子压力，不要让她断奶或与宝宝分开睡。
5. 信任宝宝的"哭泣信号"	避免"担心惯坏宝宝"的思维模式，摸索特别的方式来对宝宝的哭声做出回应，如温暖的胸膛和颈部偎依（见第283页）。
6. 平衡与边界	记住，亲密养育型妈妈很容易感到疲惫，

7. 提防"婴儿教练"　　保护妻子，不要让那些胡乱提建议的人打击她的信心。信任并支持她母性的直觉。

按手礼对你来说很重要，对你的妻子来说也同样重要。女人在怀孕期间会经历许多情绪上的波动，她们担心自己能否成为一个好妈妈，也担心做了妈妈后，生活会发生很大的变化。当你将温暖的手放在她隆起的肚子上时，你不仅仅是在确定自己对宝宝的承诺，同时也是在告诉你的妻子，你会帮助她养育你们的爱情结晶。这看起来是一件小事，或者是件再正常不过的事，但你的妻子会珍惜你这种经常表达爱意和承诺的行为。玛莎曾经对我说过："我每天晚上都很期待你和我们宝宝之间的特殊对话，每次你拥抱宝宝，我都感到你也在拥抱我。我能感觉到你对我和宝宝的承诺。"每晚重复这个仪式可以强化你做一个好丈夫和好爸爸的承诺。

我对此着迷了。在宝宝出生前，我习惯将我的双手放在他上方，和他说话，现在他出生了，我每天晚上还要将手放在他温暖的小脑袋上，对他说出父亲的誓言。不这样做的话，我就睡不着。

和刚出生的宝宝建立联系

宝宝出生时，爸爸的身份不仅仅是个旁观者。尽管早期关于亲密关系的研究着重于母亲的行为，但也有研究人员研究了爸爸与新生儿最初的接触。爸爸的反应被形容为"全身心投入"，爸爸抱着刚出生的宝宝，注视他的眼睛，轻抚他的皮肤，和他说话，就会为宝宝着迷。马丁·格林伯格博士在他 The Birth of a Father（《一个父亲的诞生》）一书中指出，这样的爸爸会感到自己在宝宝生命中的重要性，更有为人父的意识，这使得他们会更多地参与照顾宝宝的工作。像妈妈一样，爸爸也能够关爱和照顾宝宝，他们越早开始照顾宝宝，就越会感到自己可以胜任。新生儿有着神奇的力量，像磁铁一样吸引父母靠近他们。靠近宝宝吧，亲手照顾他们，这样宝宝也能对父母施展他们的魔法。

休陪产假

大家都知道妈妈会休产假，但是很少有人意识到爸爸在宝宝出生后不急于回去上班的重要性。申请尽可能多的产假，使你可以照顾妻子，也可以以轻松的方式去了解你的宝宝。要知道，等你回到工作岗位时，需要处理的公务仍然会在那里，而你的宝宝作为新生儿的时间却只有短短几周。如果可能，在宝宝还小的时候，尽量减少加班、减少傍晚的会议、减少去外地出差。在第一年里，妻子和宝宝都需要你的陪伴和支持。现在正是养成习惯的时候——习惯在制定工作时间表时，考虑到家庭的需求。

保持联系

了解一个成年人是通过交谈和分享经历，而了解一个宝宝则是通过抱着他——和他分享经历。宝宝的语言是由声音、动作、面部表情、身体的紧张与放松组成的，当你抱他在怀里或将他"戴"在身上时，你会注意到所有这些微妙的交流方式。你和宝宝亲近越多,你们就越了解对方。

温暖的胸膛。对宝宝和爸爸来说,肌肤的接触感觉很好,特别是在最初的几个月里。爸爸可以尝试用温暖的胸膛来帮助宝宝进入梦乡,让穿着尿布的宝宝贴身趴在你的胸膛上,一只耳朵贴在心脏部位。你这样做的时候,可以是躺着的,你可以选择在最喜欢的躺椅上休息时这样做。你心跳的节奏、呼吸时胸膛的起伏,以及拂过宝宝头皮的温暖鼻息,都会让宝宝很快进入甜美的梦乡。皮肤的接触让这种姿势感觉格外舒服。宝宝会喜欢这种男性的接触方式来替代妈妈的乳房,爸爸与妈妈不同,但是宝宝会明白不同也不要紧。

颈部偎依。爸爸和宝宝最喜欢的姿势还有颈部偎依。将宝宝抱在胸前,让他偎依在你的颈部,头靠在你下巴下面。因为宝宝的头会靠在你的喉部,所以他能在你低声说话或哼唱的时候感受到令人舒适的振动。爸爸更擅长以这个姿势安抚宝宝,因为男性的嗓音更加低沉,发声时的喉部振动也更加强劲。这不是模仿三大男高音的时候,也不是用尖锐的假声唱摇滚的时候,你可以低声哼唱像《老人河》那样能引起你胸腔和喉部共鸣的歌曲,或者干脆自己现编一首,不需要很复杂。我编了下面的歌词,效果就很好。

睡吧,睡吧

睡吧,我的小宝贝

睡吧,睡吧

睡吧,我的乖宝贝

宝宝会喜欢这些重复的词,喜欢你的曲调,以及你喉结下面传出来的低沉而持续的声音。

从底层做起。 大多数男人都知道，在企业晋升制度中，要想往上爬，从底层做起很重要。爸爸进行亲密养育，也是同样的道理，宝宝的屁股，就是你的起点。那么，为什么要让爸爸做换尿布这种脏活呢？这是因为换尿布是另一种与宝宝互动、更深入了解宝宝的方式。毕竟，让一家人团结在一起的都是一些共同经历的生活琐事。如果你想很好地了解你的孩子，你不能只在游戏时间才出现在他身边，给宝宝换尿布、洗澡、穿衣服，全都是你与宝宝一起玩耍和互动的机会。你自己算吧：在最初两三年里，你的宝宝大约需要换5000次尿布，你哪怕换20%，那也是1000次与宝宝互动的机会。刚出生的宝宝不会知道你分不清尿布的正反面，但他会意识到，你在温柔、充满爱意地对待他。从底层做起，从宝宝的屁股做起，这会让你通过努力得到宝宝的喜爱，让自己处在有领导地位的"负责人"位置。

走动起来

婴儿背带并不仅供妈妈使用，它也适合爸爸（如果你不喜欢妻子的碎花背带，可以再买一个自己用，颜色和款式都可以选男性化一些的）。用背带将宝宝"戴"在身上，会让你感觉宝宝属于你。下班回家后，用背带兜着宝宝去散步，你可以获得放松，并让妻子有时间得到她需要的休息。或者，你可以在早晨早点起床，在做早饭、看报纸的时候，让宝宝在背带里偎依着你。马修九个月大的时候，习惯了每天在背带里和我待一段时间，我只要说声"走"，马修就会爬到挂着背带的门边，伸手去够背带。我会将背带穿好，把他放进去，然后开始我们每天"爸爸和我"的海滩漫步。

宝宝还很小的时候，你在用颈部偎依的姿势抱他时（见第283页），可以用背带帮助支撑他。因为宝宝紧贴着你，你可以在观看电视球赛的同时边唱边摇或边唱边跳，哄宝宝进入梦乡。如果宝宝习惯被爸爸兜在身上，也喜欢爸爸颈部偎依式抱法带来的舒适，那么宝宝在晚餐时间哭闹时，或者小家伙在睡觉时间不肯上床时，爸爸就可以大显身手了。这不仅可以让你与宝宝建立联系，还会赢得妻子对你的刮目相看。

支持妈妈

大多数新妈妈对自己照顾宝宝的能力和智慧没有很多信心，她们也许会尽力表现得胸有成竹，但其实内心深处很不确定。因为她们爱宝宝，非常努力地想去做好，所以她们非常脆弱。不一致的建议会打击妈妈的自信，哪怕她已经做到最好，因此，作为爸爸，你最重要的任务之一就是支持妻子的育儿方式，为她避开那些给错误建议的说教者。

如果你感觉外部建议给你的妻子带来了哪怕一点点的沮丧，你都要制止这种情况，即使这些建议来自你的母亲。如果你自己也坚定地支持亲密养育法，那么制止那些建议会容易一些。另外，即使你有一些疑虑，你还是应该继续支持妻子的直觉。养育孩子的过程中，有时爸爸必须信任妈妈，妈妈是与孩子有最亲近生理关系的人，不要阻挡她倾听和回应孩子的需求。如果你信任她，她会更加信任自己，大家都会更快乐。记得说些这样的话："我觉得你就是我们宝宝所需要的妈妈。"作为回报，你的孩子会有一个更好的妈妈，而你会有一个更快乐的妻子。

尽管我不能母乳喂养我们的宝宝,但我可以做很多事,让我的妻子可以更容易、更成功地进行母乳喂养。

全力以赴

无论是掌握换尿布的艺术、领会幼儿的牙牙学语,还是在半夜安抚一个哭闹的宝宝,作为父亲,你必须全力以赴和不断进步。为了孩子的利益,你要乐于接受或尝试新事物。妈妈可以提供许多孩子所需的安全感和确定性,爸爸则可以给孩子带来新奇和乐趣。参与孩子的活动,不要做一个疏远的爸爸——坐到地板上和孩子一起玩,有时候你可以带头推荐新游戏,但是大多数时候你要让孩子来主导活动。如果你肯花时间陪你上幼儿园的孩子玩想玩的游戏,你会帮助树立他的自尊心,让他知道你无论怎样都爱他。

等孩子长大一些,你可以通过参与他的体育比赛、童子军活动以及学校活动——各种可能的活动,更加深入地了解他,并且更加享受和他在一起的时光。你可以志愿去当孩子最喜欢的运动项目的教练,或者做一段时间的童子军团长。你不需要是一个专家,你只要愿意去学、去做就可以了。你要比你带领的(大多数)孩子更加聪明、更有技能。我记得我在马修六岁的时候,担任了他所在足球队的教练,我对足球一窍不通,也不认为自己很喜欢运动,但是马修不知道这一点,他只知道爸爸很在意他,愿意参与他的活动。很多年以后,萝伦八岁那年,我和她之间产生了一些距离感,我又担任了萝伦所在足球队的教练,所有的练习和比赛都让我们有机会重新建立亲密关系。

当你自愿去担当教练或参与其他活动时，你会从各方面更加了解孩子，尤其是你的孩子，你要知道，大多数参与这些活动的父母对这些活动并不比你懂得多。我在当童子军团长的时候，学到了一个有用的育儿原则——简单化、趣味化。

了解孩子

你必须了解你的孩子，才能够指导和管教他。要了解你的孩子，你就必须参与照顾他。上面列出的所有亲密小贴士，目的都是帮助你更好地了解你的孩子。如果你对宝宝敞开心扉，对他的语言做出敏锐反应，你会渐渐发现是什么让他开心，又是什么让他感到困难。如果你支持妻子的育儿理念，你就会从她那里获得洞察力，知道是什么让宝宝有这样那样的表现。了解你的孩子并不是一件难以做到的事，你只需要去倾听、去回应（也许还要摒弃一些先入为主的想法，例如让宝宝睡整夜觉或让宝宝静静地一个人在婴儿床里玩）。

如果你能保持对孩子开放，不断去了解孩子，你就能够敏锐地凭借直觉对孩子进行教导。你的内在冲突会更少，与孩子发生争吵的次数也会更少，你将知道如何激励孩子去做你想让他做的事，你还将学会辨别什么事他能够做到，什么事你还不能操之过急。

我之所以能有效地引导孩子们，是因为我了解他们。他们能听从于我，是因为他们很信任我。作为一个父亲和一个儿科医生的经验让我确定，许多父亲在管教孩子方面很困难，这是因为他们没有与他们的孩子建立联系。他们的孩子可能会服从他们，但是只是出于义务或恐惧，这样的话，这些孩子就不会成长为自律的人。如果你希望孩子可以沿袭你的价值观，就必须了解并尊重他们内心的所思所想。这个过程其实早在孩子生命的第一年里，在你对孩子的哭声做出回应的时候，就已经开始了。

记住，爸爸的养育很重要

爸爸和妈妈的育儿方式有所不同，而孩子能够从这种不同中获益。爸爸不仅仅是替代者、排在妈妈后面的最佳看护人，即使在最初的日子里，当妈妈有让宝宝舒适的乳房，而爸爸却只有坚硬的肩膀时，爸爸也不仅仅是替补的看护，爸爸的参与是必须的。研究结果表明，不论影响好坏，孩子成长的很多方面都会受到爸爸的影响。在孩子生命的第一年里，因为孩子与妈妈的关系亲密，人们往往会忘记爸爸的重要性。

我在儿科诊所里常会见到年纪稍大的爸爸陪妻子来做产前健康检查，这些男人很多是再婚的，他们早年没有太多参与他们大孩子的生活，为此常感到遗憾。现在人到中年，生活已走上正轨，他们想与上一场婚姻中的孩子多多相处，却发现这些孩子不给他们机会。现在有了新的宝宝，他们决定不再错过任何事情，因为他们知道，只有现在打下牢固的基础，将来才能和孩子亲密相处。接受这些爸爸的教训吧，现在就开始计划，将来才不会后悔。要知道，孩子成长的每个阶段都只有一次。

爸爸去哪儿了

上班族妈妈的困难得到了许多关注，但是上班族爸爸呢？大多数爸爸为养家糊口，每周要离开自己的孩子至少四十小时，甚至更长时间。

为家庭提供经济来源固然很重要，但是与孩子保持联系也很重要，要同时实现这两个目标，的确是一个巨大的挑战。

对于我来说，这个挑战就是如何平衡我的时间：在家和孩子们待在一起的时间、写书的时间以及在诊所里照顾病人的时间。以上三件事我都很喜欢，我既是儿科医生，又是父亲，所以平衡时间对我来说非常重要。有一年，我一直在家里的儿科诊所工作，我要让孩子们知道，将办公室搬回家就是为了离他们更近，当然我也再三强调，我在办公室里是在工作，不是在玩。然而我惊奇地发现，原以为之前每天上下班的路程很辛苦，但其实它十分有助于放松情绪；并且，当我的社交圈慢慢只剩下家人时，我开始想念办公室里的同事情谊，这让我意识到工作场所的社交对我来说其实非常重要。我开始理解，对于妈妈们来说，离开原先的工作岗位，整天在家一个人带孩子，如此巨大的改变往往很难适应。另外，我在家上班的经历也让我意识到，对爸爸们来说，通过工作而逃避对家庭的付出，的确是一个相当大的诱惑。

让爸爸学习怎么当爸爸

妈妈们，记住，男人可能不能像女人那样，很快或出于本能地学会读懂宝宝给出的信号。给你们的丈夫一些时间和空间，让他们学会如何安抚和照顾你们的宝宝。想象一下这样的情景：爸爸在照看宝宝，而你在另一个房间。宝宝开始哭闹，你等了一分钟，希望爸爸可以解决问题，但是随着哭闹越加剧烈，你冲进了他们的房间，给出一连串的建议，你甚至随时准备从手忙脚乱的爸爸手里搭救哭闹的宝宝。你可能是出于好意，但是退一步想想，你传递的信息是什么？你让丈夫知道，你认为他笨手笨脚——他也许也这么想自己，但是当面指出来对事情毫无裨益。同时你给宝宝传递了信息：他由爸爸照顾的确是不恰当的。所以，与其急着冲过去，不如克制一下你的母性激素，给爸爸和宝宝几分钟时间去解决问题。如果必要的话，你离远点，不要留在听力范围以内。

只要有机会，就安排爸爸和宝宝在一起，让他们能够快乐相处。你可以先喂饱宝宝，然后让爸爸照看，也可以在宝宝心情比较好的时间段里，让爸爸来照看他。你可以出门散散步或者逛逛街，让父子俩单独待上一段时间。如果你让爸爸知道你相信他能照顾好"你的"宝宝，他就会达到你的期望。爸爸们在紧要关头，往往能想出独特而有趣的安抚方式。

分开时保持联系

身为爸爸，你应该让孩子知道你看重的是什么，即使你需要外出工作，也应该让孩子明白，家对你来说更重要。不得已缺席是可以谅解的，但是如果出于自己的选择而缺席就不能原谅了。下面的方法有助于你不在家时，也能与家人保持紧密的联系。

● 不在家时，多想想你的孩子。带上照片，将照片放在办公桌上，或者给同事们看。

● 白天打电话回家，向妻子（或看护人）了解宝宝的情况。

● 让孩子融入你的工作和生活，不要在工作和家庭之间竖起一堵墙。如果条件允许，带孩子参观你的工作场所，让他看看你每天出门要去的地方，并且告诉他你上班都做些什么。

- 让孩子看到你在工作上的成就，或者让他看到你工作的样子。对孩子来说，看到你的另一面很有意义。你在帮他形成工作的概念，也让他更加了解你。

- 如果条件允许，可以在出差时带上年纪大一些的孩子。这能让你充分利用航空里程积分，也能为你们两个带来很多乐趣。当孩子们有机会和爸爸一起旅行时，他们都会表现很好。我不得不去上电视节目时，经常会带上一个孩子，对孩子来说，参观电视演播室是很有启发的经历。

- 晚上回家后，抛开工作上的事。用你在下班路上的时间，从一名雇员转变为一名父亲。当你走进家门的时候，将注意力放在你的家人身上。

令人遗憾的是，孩子年纪还小的那些年，往往是爸爸们的创业期，是他们感到必须为工作付出110%努力的那几年。但是，你要记住，十年以后，仍然会有工作机会等着你，也许没有现在这么多，但总会有的，而你的宝宝，将不再是婴儿。

当爸爸在旅途中。爸爸在旅行时，与宝宝保持联系会更加困难。这对那些在部队服役的爸爸或者因为其他工作而必须长期离家的爸爸来说，是个巨大的挑战。爸爸亲密养育宝宝的一个副作用是，当父子分开时，两个人都会感到失落。一个与爸爸关系非常亲密的宝宝会在他亲密对象离开时表示抗议。父母们注意到，当爸爸不在家时，宝宝有可能会出现以下情况。

- 宝宝的睡眠模式改变了，夜里会醒得更频繁，让其安顿下来会变得更加困难。

- 宝宝哭闹的时候更多了，年纪小一点的孩子会更多地耍小性子或者发脾气。因为爸爸不在，宝宝会觉得整个世界都改变了，他的行为会缺乏条理。

● 爸爸不在身边时，孩子可能会调皮。纪律问题往往会在爸爸外出时浮现出来，许多孩子会在妈妈维持纪律时，挑战爸爸所定规矩的底线。对于和爸爸亲密的高需求宝宝或冲动型宝宝，此类因为分离所导致的行为特别容易出现。

● 妈妈的行为会与以往不同，特别是在亲密养育家庭。这对宝宝来说，绝对是双重打击——爸爸不在，宝宝可以感觉到，因为丈夫不在，妈妈也会显得有些心不在焉。

● 孩子们情绪会产生变化。他们会从一言不发突然转向冲动挑衅，年纪小的孩子更会这样，他们可能不明白发生了什么事。有一个两岁的孩子，爸爸和奶奶一起度假去了，一个多星期之后，孩子对妈妈说："我再也见不到爸爸了。"实际上，他的爸爸过两天就会回来，但对小家伙来说，他的世界好像永远改变了一样。

如果你从外地回来，宝宝或小孩子对你冷淡，不必感到不安，这只是暂时的。宝宝需要一些时间理清混淆的思路，平息因为你不在而产生的怒气，他需要时间适应你的归来。我第一次受到这种冷遇的时候，都要崩溃了。出门好多天后，我走进家门，我们一岁的孩子并没有表现出"见到你很高兴"的样子，而是显得对我丝毫不在意。过了一会儿，我抱起他走了走，还开始唱他最喜欢的歌，他才又活跃起来，我们这才真正地"团聚"在一起。一次分离之后——哪怕只是一个工作日的时间——你可能都需要哄宝宝，让他重新信任你。

打电话回家。育儿最好是两个人的工作，如果你经常出差，要注意保持联系。即使你不在身边，你的妻子也需要你的支持和疼爱。经常打电话回家，和每个家人说说话，让你的孩子们知道你想念他们、爱他们，甚至小宝宝也能够对听筒里传出的爸爸的声音做出回应。告诉你的孩子们你在做什么、什么时候会回来。如果孩子们告诉你他们的事，你一定要耐心地听。你还可以考虑带着家人一起出差。带宝宝一起旅行很方便，也很简单，对小宝宝来说，他们的家就是妈妈和爸爸所在的地方——可以是家，也可以是远方的旅店。

我们的宝宝还小时，我出差都会让玛莎将我的一张放大的照片放在床边，这样宝宝一觉醒来，睁开眼睛就能看到妈妈和我。你还可以为宝宝录制一些磁带，唱他最喜欢的歌或者讲个故事，在你出差时让妻子放给宝宝听。现在，通信设备这么发达，你没有理由不与家人保持联系。你可以发送信息，如照片、语音和视频录像，还可以实时视频通话，与你生命中最重要的人保持联系。

爸爸对母婴关系的感受

"她只顾着喂奶。""她一心扑在宝宝身上。""宝宝整天都和她在一起，现在她居然还要和宝宝睡在一起。""我们应该去休假——就我们两个人去。""我们几周没有夫妻生活了。"这些感受都来自现实生活中十分疼爱妻子和宝宝的爸爸，但是他们觉得自己受到冷落，由此感到困惑和孤独。那些不了解亲密养育法的爸爸很容易对以上感受产生共鸣，因为那些都是新爸爸们的普遍经历。希望获得妻子更多的关注，这完全可以理解，而妻子将心思放在宝宝身上，也是正常且健康的行为。但是如果你和妻子的感受相冲突，你就要把这看作一个应当调整的信号，毕竟宝宝需要的是快乐的父母。

女性体内的激素在生产后会发生变化，所以妈妈会格外依恋宝宝，而明显地对伴侣失去兴趣。在怀孕前，女性的激素刺激她们的性欲，这也促成了卵子得以受精。宝宝出生后，母性激素占了主导地位，因为造物主在这个时候要确定小宝宝能获得所需要的照顾，能够存活下来。母性激素使妈妈们更喜欢母乳喂养和照顾宝宝。

妻子之前投注在你身上的心思和精力如今转到了宝宝身上，这源于她的母性的本能和冲动。她的身体告诉她，她应该关注怀里的小生命。在宝宝完全吃母乳的这段时间，你的妻子是不太可能再次受孕的（造物主以这种方式告诉我们，太早怀上另一个孩子会影响这个孩子存活和成长的概率），因为你的妻子没有排卵，她对性生活就会兴致不足。

出于各种各样的原因，有的女人对体内激素的改变反应更强烈。如果你的妻子全身心关注宝宝，不要恐慌，这并不表示你在妻子心中的地位被宝宝取代，也不表示你必须和宝宝竞争才能获得妻子的注意力，这只说明你需要等待。这段时间是你的妻子掌握做母亲技巧的阶段，她通过疼爱和照顾你们的宝宝来表达对你的爱。迟早，她的注意力会回到你的身上，如果在最初几个月里，你积极支持妻子照顾宝宝，妻子的心思可能会更快地转向你。

爸爸和妈妈意见有分歧时

我采用亲密养育法养育我三个月大的宝宝，宝宝很快乐，我也很快乐，但是我的丈夫认定我在惯坏儿子，他希望儿子可以更加独立，这样我们夫妻俩就可以经常出门了。

如果夫妻双方都认同亲密养育法对宝宝最好，那么亲密养育法就能达到最好的效果。而在育儿方式上的分歧可能会让婚姻出现危机，在夫妻之间形成隔阂。

如果你的丈夫有这样的想法，你需要和他谈谈，了解他为什么这么想。也许只是因为你的丈夫不熟悉你的育儿方式，他成长的家庭可能会选择让孩子自己在婴儿床上哭泣，也说不定是他的朋友或家里人对他说，你在惯坏宝宝。或许，只是因为你的丈夫并不了解随着宝宝的长大，他会越来越独立这件事。

向你的丈夫说明你为什么要实施亲密养育法，你最清楚亲密养育法的众多好处中，有哪些能吸引他。让他确信，要求高、难伺候的婴儿阶段不会永远存在。最重要的是让他知道，他对宝宝来说十分重要，鼓励他开始"戴"着宝宝，回应宝宝的哭声。你肯定希望他也感到亲密养育法是正确的选择。

最后，丈夫们经常在感到自己被冷落的时候批评亲密养育法。亲密养育型妈妈可能忙着照顾宝宝，不经意间让爸爸成了局外人。你是可以改变这种状况的。和你的丈夫交流，告诉他，你没有对他失去兴趣。想想用什么方法可以表达你对他的爱，每天都将此作为头等大事来做。你也可以告诉他你的疲劳感，建议他分担家务和照顾宝宝，这样你就可以留出精力给你们俩的夫妻生活。

家中有婴儿和小孩子的时候，很难有时间和机会让你们过二人世界。下面是一些夫妻尝试过的有效建议。

● 来点小浪漫。信不信由你，男人很容易被烛光晚餐和柔美的音乐打动，这些你可以在宝宝睡着后在家中进行。如果你营造了合适的气氛，即使是分享一块外卖比萨饼也会是件浪漫的事。

● 在宝宝的午睡时间全家出去兜兜风。宝宝会在汽车座椅里睡着，你们夫妻俩就可以在没有打扰的情况下畅谈了。

● 抓住一切机会享受美妙时间。如果宝宝在半夜把你们俩都吵醒了，你在给宝宝喂奶、哄他入睡的同时，可以与丈夫偎依在一起，说说话。等宝宝睡着之后……谁知道呢？

● 把亲密养育法养育的宝宝带着出门很方便。你们可以用背带兜着宝宝，一起去最喜欢的餐馆吃饭。在餐馆里，你可以不引人注意地给宝宝喂奶、哄他入睡，然后好好享用晚餐时光。

● 偶尔晚上出去过过二人世界，可以将宝宝留给较为敏感的看护人。如果宝宝在早晨或下午心情更好，将他留给看护人会让你更放心，那么你和丈夫也可以一起出去吃早点或看早场电影。

威廉医生的笔记：有一对夫妻来咨询，因为做妈妈的与宝宝太过亲密，以至于夫妻感情变浅。我建议他们晚上出去过过二人世界，妈妈听了之后，惊讶地看着我，仿佛我说的是外语，但爸爸非常兴奋地回答说："好！"

孩子最需要的是快乐的父母，如果父母之间的夫妻关系不和睦，就会影响到孩子。有的时候，你需要对孩子说"不"，或者优先关照一下孩子（最初的几个月），然后你就可以对伴侣说"是"。要知道，你并不需要做百分之百完美的亲密养育型爸爸/妈妈。

如果你的育儿方式让你的婚姻出现了严重的问题——你们俩解决不了的问题——可以考虑咨询服务。你们也许需要专业的帮助以便找到方法，既满足宝宝的需求也满足自己和对方的需求。

妈妈在最初几周里冷落丈夫的另一个原因是她太疲倦了。她照顾了宝宝，又完成了必须做的家务，这时她最需要的不是别的，而是睡眠，或者是自己静一会儿，没有任务压着她。

我对睡眠的需求要比他对性的需求更迫切。

如果你尽你所能地减轻妻子的负担，她会有更多的精力留给你。你希望她在孩子睡着后去清理厨房，还是希望她能和你共度一段时光？如果你选择后者，那聪明的做法就是你在她给宝宝喂奶、哄宝宝睡觉的时候将厨房打扫干净。你尽力帮忙，会激发妻子对你的兴趣。

在产后最初的几个月里，你们的性生活会很少，如果能够成功地忙里偷闲过性生活，你会发现你们的性生活和以往不一样了。妻子被你抱在怀里，她的心思却停留在宝宝身上。而且，宝宝仿佛也会制止父母，许多夫妻都确定他们的宝宝体内装有浪漫警报器，爸爸和妈妈好不容易找到一点时间亲热，兴致方浓时，宝宝就醒了、哭了，需要他们做出回应。对爸爸来说，也许这不会打消你的兴致，但是这会立即让你的妻子从性伴侣的状态跳回妈妈的状态。你争不过宝宝，而且最好也不要想着去竞争。你也不要生气，而是要向妻子证明，你赞同宝宝的需求优先。你可以把宝宝抱过来，让妈妈给他喂奶，然后偎依着他们俩睡下。你和妻子那晚可能不会再有夫妻生活了（但也很难讲），但是你的温柔体贴会让妻子给你加分，让你可以在以后兑现美好的夫妻生活。

成为一个父亲是让一个男人成熟的最好方式。身为人父，你必须经常优先考虑其他人的需求，然后再考虑自己的需求。而且为了更好地指导孩子，你往往会更加严于律己。最重要的是，成为一个亲密养育的父亲，可以让你对孩子、对妻子、对其他人都变得更加体贴。

写给妈妈们的悄悄话。身为妈妈，你要记住，在产后哺乳期间，你体内的激素会发生变化，而你的丈夫却不会有这样的变化。你可能在宝宝出生后的几个月里对性生活缺乏兴致，但你的丈夫却需要确信你仍然很在乎他。除非你告诉他，否则他无从知道你的感受。所以你要让丈夫知道，你在最初几个月里对性生活缺少兴趣，并不代表你不爱他了。然后只要条件允许，你就要努力去营造浪漫。下面是我们诊所里的一位妈妈如何平衡她与宝宝和她与丈夫之间亲密关系的故事。

苏珊和她的丈夫有一个高需求的宝宝，他经常在晚上醒来。因为爸爸需要睡眠，在宝宝大约一个月大的时候，他便搬出了卧室，大多数晚上都在客厅的沙发上度过。苏珊偶尔会在孩子熟睡后蹑手蹑脚地走进客厅，给丈夫一个惊喜。这些半夜的探访有奇效，帮助爸爸很好地接受了苏珊在夜间对宝宝的亲密养育。

第十三章

特殊情形下的亲密养育法

第十三章　特殊情形下的亲密养育法

并非所有的家庭都属于典型的中产阶级家庭：一男一女结婚，生下一两个健康的孩子，有着稳定的收入，在郊区有个三间卧室的房子。并非只有这样的家庭，才能实施亲密养育法。事实上，如果你的孩子有特殊需求，或者你自己面临不寻常的挑战，你会发现亲密养育法格外管用。当生活不尽如人意时，你需要调动一切可能的方法，让自己保持理智，满足宝宝的需要。亲密养育要素将会帮助你成为了解宝宝的专家，能够让你的育儿方式与宝宝的需求自然而然地相互契合。

单身父母的亲子关系

单身父母的身份意味着你需要身兼父母两职。确实，独自实施亲密养育法的难度要大一些，然而，当养育孩子的责任落在你一人肩上时，所有那些从长远来说能简化育儿的方法对你而言都是特别有用的。亲密养育法能让你充满自信、富有洞察力，让你做出对孩子最好的决定。通过亲密养育所获得的高敏感度及智慧，可以让你这个单身爸爸/妈妈在孩子长大一些后能更好地教育他、培养他。

在最初几个月，甚至是最初几年里，亲密养育法对于单身父母来说比较困难。家里有两个人的话，在你需要休息的时候能有另一个人替补。没有他人替补的情况下，做父母的就只能加倍努力了，因为你得随时待命。即便如此，亲密养育法的第一戒律依然适用：宝宝最需要的是一个心情愉快、精力充沛的妈妈。对于单身父母，尤其是当父母正在处理离婚或分居危机时，这个告诫尤为重要。为孩子付出一切，完全忽略自己，很快就会让你精疲力竭、不堪重负。下面我们将提供一些建议，让单身父母在亲密养育孩子时，不会处于透支状态。

要意识到亲密养育靠你一个人是不行的。如果你采用亲密养育法，不要单枪匹马地进行——也就是说，不要完全只靠你自己。也许你是单身爸爸/妈妈，但是你绝对不是超级爸爸/妈妈，不要指望自己能当超人。俗话说，养大一个孩子得动用一个村的力量，所以，你需要有人在身旁支持你、帮助你（即使是双亲家庭也是需要帮助的）。你可以联系单身父母支持小组、亲戚、朋友——任何可以向你伸出援手的人。你也可以与其他单身父母建立友谊，分享育儿经验及观点，在需要倾诉时甚至可以在深夜打电话。

预留一些时间与其他人在一起。如果一切都自己一个人扛，一段时间后，你就会疲惫不堪。有些单身妈妈为了弥补孩子没有爸爸的缺陷，自己又当爹又当妈，她们的世界完全绕着宝宝转，结果往往是自己累得精疲力竭。再一次提醒你，宝宝最需要的是一个快乐的妈妈。

根据宝宝的需要调配工作。做了单身父母，你的事业无疑会受到影响。你不可能在雇主事事满意的同时也让宝宝事事满意，如果宝宝现在需要你的付出，你的事业就可以缓一缓。如果可行的话，最好根据照顾宝宝的需要来安排你的工作，而不是让宝宝适应你的工作日程。至少在宝宝一周岁前，尽量在家工作，或者将宝宝带着上班（请参考第六章"'戴'着宝宝工作"一节）。如果你必须外出工作，尽量找一个有利于母乳喂养的工作场所，例如，提供育儿服务的、配有哺乳室的，或者有条件帮你和宝宝在分开时也能轻松保持联系等福利的单位。

我的女儿刚出生，现在我的生活就是围着她转。我知道自己很快就得回单位上班了，但船到桥头自然直，到时候我会解决和女儿分开的问题。

收养宝宝

我们的第八个孩子萝伦是收养的，当时她刚出生不久，我们希望她也能享受到亲密养育的好处。（我们没有给她贴上"收养的女儿"这个标签，收养与她这个人无关，只是解释了她来到我们家的途径而已。）不能因为她是被收养的，就剥夺她出生后与妈妈继续亲密的权利。亲密养育对被收养的宝宝来说意义重大，因为这能帮助你与宝宝建立各个层面的关系。

收养宝宝的妈妈往往会想，自己能不能像亲近亲生宝宝那样亲近收养的宝宝，她们想知道没有经历怀孕及生产，她们和宝宝之间会不会缺少些什么。根据我们的经验，养父母收养了宝宝后往往会惊喜万分，因为这是他们长久以来的期盼，想弥补最初因血缘导致的不同并不困难。我们发现，大多数养父母都会很自然地在一定程度上实施亲密养育法，因为他们急切地想从身体和情感上了解宝宝。以下是一些收养父母尝试过的亲密小贴士。

在宝宝出生前就建立联系。 如果你打算公开领养，可以在宝宝还在生母腹中时就开始关注宝宝。你可以与宝宝的生母交流，关心她的身体状况，了解宝宝的发育情形，也许你可以看到宝宝的超声波照片。这种产前开始的联系有一点冒险，因为常常会有生母临时改变主意的情况发生，让你白白付出感情。但是，与宝宝的生母建立良好的关系，关心你未来的宝宝，也可以令人感到非常满意。

在宝宝出生时或刚出生后待在他身边。 你可以要求在宝宝出生时在场，尽早与宝宝建立联系，这是否可行取决于实际情况。如果生母同意，医护人员也批准，你就可以在宝宝出生后立即抱着他，遵循第四章中列出的亲密关系小贴士。

宝宝出院前尽量和他待在一起。当然，你也可以要求大多数时候由你来给宝宝喂奶。你可以在白天抱着宝宝坐在摇椅里，并且多一些肌肤的接触。再说一次，这样的做法在情感上有风险，因为生母会有改变主意的可能，然而权衡之后，或许你会认为收益大于风险。

实践亲密养育要素。 遵循"戴"着宝宝以及亲子同睡这两个亲密养育要素，会让你有许多时间通过身体上的接触，与宝宝建立亲密关系。你用奶瓶给宝宝喂奶时，应该像用母乳喂养时那样充满爱意与关注，或者，你也可以考虑母乳喂养宝宝。

是的，你可以用母乳喂养并非你亲生的孩子。有志者事竟成，即使没有之前怀孕的过程，刺激乳头也可以让你的身体分泌出乳汁。有些收养宝宝的妈妈通过充分利用吸奶器和宝宝的吮吸，有时还服用催奶的药物，成功地有了母乳。她们还使用一种被称为"哺乳辅助器"的装置，可以帮助宝宝吃辅助奶。这种装置可以将事先吸出的母乳或配方奶通过贴在乳头上的细管传送到宝宝口中。玛莎母乳喂养了萝伦十个月，我们也为前来诊所的许多亲密养育型养母提供过相关咨询。

对于那些希望母乳喂养宝宝的养母，我们给出的最重要的一条建议就是，享受喂奶时的亲近。不要过多关注自己分泌了多少的乳汁，开始分泌的乳汁一般都很少。虽然大多数养母能分泌出一些滋养宝宝的乳汁——并非所有的养母都能做到——但是让她们感到最满足的还是与宝宝身体上的亲近。你可以参考我们的《母乳喂养大全》一书，了解对收养的宝宝进行母乳喂养的具体做法。

如果你收养的宝宝年龄大了一些，同样可以经历亲密养育的过程。大多数亲密养育要素可以在宝宝一周岁前使用，不要担心宝宝可能"错过"的亲密，婴儿的适应能力非常强，你现在对宝宝所做的要比他在最初几个月里错过的更有长远影响力。宝宝一来到你家，你就要开始实践亲密养育要素，"戴"着他、与他睡在一起、信任他用哭声传递的信息。宝宝在身体和情感上与你联系越多，就会越早与你亲密，你也越早与他亲密。如果你已经知道宝宝到来的时间，现在只是在等法律领养手续的完成，你可以请宝宝的寄养父母采用一些亲密养育要素。宝宝可以先与寄养父母建立亲密关系，然后转向你，这要比宝宝在最初几周里没有与任何人建立起亲密关系要好得多。

我们相信，亲密养育法对被收养的孩子来说更加重要，因为被收养的孩子可能会在心底深处有被拒绝的感受。与养父母之间亲近信任的关系，可以帮助他们克服失去亲生父母的失落感。萝伦七岁时，曾经问过我们为什么她的亲生妈妈不爱她，我们打消了她的这种想法，告诉她，她的生母非常爱她，而且正因为爱她，才选择让她被我们收养，因为她明白她无法让女儿过上现在的生活。这样的回答能消除萝伦对生母的疑虑吗？不能完全消除，她还会继续问同样的问题。我们意识到，最好的做法就是给萝伦大剂量的"亲密养育"作为"预防药"，只有这样萝伦才能有底气，才有自信去克服失落感。

　　用亲密养育法养大的孩子非常敏感和体贴，与其他被收养的孩子相比，他们会更多地在心底追寻自己的生父生母。不要认为他们这样做是在针对你，对被领养的孩子来说，他们要寻找的是生命的根，而不是不同的父母。当他们与养父母的关系非常牢固时，如果他们有了解亲生父母信息的需求，他们表达情感也会更加容易。不要因为"你不是我真正的妈妈/爸爸"之类的话而感到不悦，这样的话虽然会让你伤心，但这只是说明一个非常有爱心的孩子正在经历一些正常的情感困惑，你知道孩子真实的性情和想法是什么样的。

　　我和丈夫七年前开始成为寄养父母，我们将才出生两天的宝宝带回家，两周至三个月后，他们就会被人收养。在寄养家庭长大的孩子大多会难以与他人建立亲密关系，所以，让他们的生命初始就有亲密的根源很重要。每天，我大多数时间都用背带"戴"着他们，我去哪儿，他们也去哪儿。所有的宝宝都喜欢被"戴"着。寄养在我家的孩子总被人夸，因为他们很乖。我睡觉时也离这些孩子很近，他们就睡在我床边的便携式婴儿床里，这样我夜间就可以迅速地满足他们的需求。尽管我母乳喂养了两个亲生的孩子，但我早就发现，即使不喂母乳，要安抚一个宝宝其实也并不困难。孩子们和我在一起很融洽，我只要抱着他们，和他们说话，就能让他们平静下来。我们和曾经寄养在我家的二十六个孩子大多还保持着联系。他们都过得非常好，没有任何明显的依恋障碍！

高需求宝宝

你往往能在一个宝宝刚出生时就知道他是不是个高需求宝宝。那些高需求宝宝出娘胎后，往上看看，就开始号啕大哭，像是在向世人宣布："我不是一般的宝宝，我需要你更多的呵护，如果你满足我，我们可以相处愉快，否则，我们就有麻烦了。"接着，他们衔上妈妈的乳房不肯松开，就好像在说要等满一岁了再说断乳的事一样。

高需求宝宝渴望身体的接触，他们躺在父母的臂弯里，靠在父母的胸前，睡在父母的床上，总之要父母把他们带在身边。对他们来说，婴儿床形同虚设，婴儿推车在他们眼里简直成了微缩版的囚车，他们也不喜欢接受替代性的照看。幸运的是，高需求宝宝非常聪明，精力旺盛，在让人伤脑筋的同时也是个开心果。

高需求宝宝的侧写

自从二十年前我们想出"高需求宝宝"这个名称以来，我们碰见过许多这样让人费神的宝宝，也为他们的父母提供过相关的育儿咨询。根据我们接触过的各类高需求宝宝，我们总结了高需求宝宝的侧写，归纳了他们的特点。高需求宝宝绝大多数时间都会表现出这些特点的绝大部分。这里要提醒一句：个性特征仅仅是描述性的，不应该被评判为好或坏。我们只想尝试描述这些孩子是什么样的，并向你介绍他们所需要的育儿风格，以便帮助他们茁壮成长——也帮助你顺利过关。

● "时间表"这个词在高需求宝宝的字典里是找不到的。这些宝宝的作息时间非常灵活，一切都不固定，根本无法用常理推知。有他们的存在，父母就别想生活有规律。

● 高需求宝宝要求持久的身体接触。父母只要一放下他们，他们就哭个不停，非要抱着才能平静下来。摇篮、婴儿床、婴儿秋千以及婴儿座椅都不能替代父母的臂弯，他们根本不会接受。在这种情况下，父母只好将他们"戴"在身上。

● 高需求宝宝不分日夜、频繁地要吃奶。他们通过吮吸妈妈的乳房，既能获得营养，又能获得抚慰，其他什么东西都替代不了妈妈的乳房。一旦你习惯了，你会发现要想安抚一个生龙活虎的小家伙，只要给他喂奶就可以了。

● 请保姆带孩子？算了吧！高需求宝宝是不会接受替代看护人的。（我们的邻居和朋友发现，威廉和玛莎去哪里都带着海登。）爸爸在高需求宝宝眼里的地位往往只能屈居第二，但是做爸爸的还是要参与照顾宝宝，没有爸爸做后备的话，妈妈会精疲力竭。

● 这些"魔术贴宝宝"不喜欢独自睡觉。他们将霸占你的床，分享你的睡觉空间，就好像是魔术贴一样，一定要黏在妈妈的臂弯和胸前。海登是我们家第一个和我们一起睡的孩子，开始她总是睡不安稳，后来挪到我们的床上，大家才都睡上了好觉。

第十三章　特殊情形下的亲密养育法

- 高需求宝宝的情感更强烈。他们的哭声特别大，渴望得到关注，父母必须对他们的哭声迅速做出回应，如果反应慢一点的话，之后很难将他们安抚下来。只要你愿意去了解宝宝的"哭泣信号"，高需求宝宝将会使你成为更加敏锐的父母。
- 高需求宝宝一直在动，好像不知道什么叫静止。这些孩子长大后，会在各种各样的活动上展现出无穷无尽的精力。等他们学步以后，你也许要花上很大的精力，整天跟在到处跑的宝宝身后追赶，这时候你会学会从全新的视角看待这个奇妙的世界。
- 高需求宝宝的要求非常高，他们的父母所面临的挑战是要学会把这看作一件好事。这些特点让这些孩子在婴儿期和学步期非常让人疲惫，但也有积极的一面。他们机警、忙碌、果断，在上学前就对一切很感兴趣。等到他们长成青少年，你会发现他们热情、热心、足智多谋。你还会发现，这些年来你满足他们需求的做法，将使他们变得富有同情心并且善解人意。

在我们自己有高需求宝宝之前，我们还不知道有这样的宝宝存在。以前的育儿方式在我们前三个孩子身上效果很好，但对海登来说明显没用。我们必须不停地抱她，日夜频繁地给她喂奶。玛莎努力去满足海登看似急迫的各种需求，因此变得疲惫不堪。朋友们都劝告我们："你们惯坏她了！""你抱得太多了！""别管了，就让她哭哭吧！""她在操纵你们呢！"如果海登是我们的第一个孩子，我们兴许会相信这些忠告，放弃自己对海登的一些想法，但她是我们的第四个孩子，我们当时认为自己更了解婴儿的需求。我们确信她哭闹的原因并非我们的照看出了问题，她与所有其他高需求宝宝一样，哭闹只是出于性情。高需求宝宝对所有事情都要求更多：更多的触摸、更频繁的喂奶、更多一起睡的时间、更多和父母在一起的时间。这些小家伙非常敏感，需要依靠父母的帮助来适应周遭的环境，总是不能自己平息下来。

我们当时真的很难用一个合适的词来向亲友说明海登的情况。我们不喜欢说她难带，或者说她爱哭闹、难安抚，这些说法都太负面了，好像在暗示宝宝或我们存在一定的问题。在我们看来，海登是个好宝宝。于是我们将海登的行为以及我们的育儿方式解释为："她只是需求比较多。"最终，我们想到了"高需求宝宝"这个词。

当我开始在儿科诊所里使用这个词的时候，我知道用它来形容这类宝宝并与其他父母交流相关经验是非常正确的。每当有新晋父母忧心忡忡，前来咨询如何照看他们爱哭闹的宝宝时，我都会说："哦，你有个高需求的宝宝！"当我继续解释下去时，我能看到这些父母脸上流露出的希望和理解。别人对他们说的总是对宝宝负面的评价和批评，现在总算有人正面看待这个问题，并且提供有用的帮助了，这大大有助于他们更好地了解自己的宝宝。

实际上，"高需求宝宝"这个词说明了一切，这是正面、准确、带有鼓励性的描述。关于如何对待这样一个宝宝的解答就存在于这个词里：如果你的宝宝有高需求，那你作为父母的任务就是去满足这些需求。不要试图让这些需求消失，不要因为你的育儿方式对任何人说抱歉，亲密养育法能够很好地帮助你。如需了解更多养育高需求宝宝的信息，可以参考我们的 *The Fussy Baby Book*（《教养难带宝宝百科》）一书。

第十三章 特殊情形下的亲密养育法

有特殊需求的宝宝

无论你的孩子有什么样的特殊需求——身体上、精神上、行为上的，或是学习障碍——有一件事是确定的：亲密养育法可以帮助你和你的孩子克服困难。学会照料有特殊需求的孩子，你的方式将会对他能否学会处理问题、应对挑战产生巨大的影响。亲密养育法将帮助你了解你的孩子，从孩子的角度看待这个世界，尤其当孩子有些"与众不同"时，亲密养育法的作用尤为突出。

> ● **亲密小贴士**
>
> 即便是最能干的妈妈，养育高需求宝宝也会让她费尽心力。如果你有个高需求宝宝，那么首先，照顾好自己是非常必要的。宝宝会接受你对他的所有付出，但是如果你不停下来满足一下自己的需求，最终你将无法为宝宝或自己付出更多。有的时候，满足你自己的需求比满足宝宝对你的日常需求更加重要。你首先要承认这一点，才能成为宝宝所需要的妈妈。

养育残障的孩子或许也能给你带来巨大的回报，因为这会迫使你以从未想象过的方式成长。我们的第七个孩子史蒂芬出生时患有唐氏综合征，我们知道他是个特殊的孩子，需要我们采用特别的育儿方式，我们也知道他的暗示能力以及语言能力有很大问题，并料到他会有很多健康上的问题，所以，我们需要学会更加敏锐地观察。在这方面，亲密养育法非常有用，你就好像拥有一个雷达系统或新的第六感，能够读懂宝宝的需求，并且做出恰当的回应。玛莎用母乳喂养了史蒂芬三年半时间，而我每天都花几小时将史蒂芬用背带"戴"在身上，他三岁半的时候才离开我们单独睡觉。亲密养育法帮助了我们，让我们能够帮助史蒂芬更好地成长。

专注于和孩子建立健康的亲密关系可以治愈你内心可能存在的伤痛，还能帮助你看到并欣赏孩子身上的种种积极的品质。亲密养育法甚至可以降低孩子残障的程度。它给别的小朋友带来的好处，同样也会作用于你的孩子。尤其当孩子有持续的健康问题时，父母快速判断问题的能力就变得至关重要，会影响到孩子获得好的照顾。

亲密养育的挑战。 当你的孩子有特殊需求时，你往往会发现自己在很多方面需要专家的建议，可能是关于健康问题、激励婴儿的技巧，也可能是学龄儿童的教学方法或者行为策略。然而，这取决于你自己，作为最了解你孩子的专家，你要对各种建议加以判断，分辨出适用和不适用的建议。做到这点很不容易，特别在你很担心孩子，很难确定什么对孩子最好的时候。从别人那儿得来的信息有些很有用，你可以结合对孩子的了解来使用，让你们的生活更好一些。而有的信息你可能觉得不妥，这样的情况下，亲密养育法就会帮助你了解哪些信息可以遵循，哪些信息最好忽略。

当孩子有特殊需求时，保持平衡对于亲密养育型父母来说难度更大。对孩子的爱以及对解决问题的渴望会迫使你花费所有的精力去满足孩子的需求。同时，你会忽视自己的需求，或者爱人和其他子女的需求。在这种时候，你就需要做出一些让步。

采用"加勒比方法"虽然看起来很难，但你还是要"放下包袱，保持快乐"。你能为孩子做的最好的事情，就是高兴地接受他本来的样子，这比解决他的问题更加重要。作为父母，你的主要任务就是爱孩子，快乐地和孩子在一起生活。

多胞胎宝宝

如果你生了双胞胎、三胞胎甚至是更多胞胎，还能采用亲密养育法吗？当然能！但是，对于每个亲密养育要素，你都需要付出双倍的努力去实施——当然收获也是双倍的。

许多多胞胎宝宝出生后需要额外的医疗护理，你的宝宝们也是如此，在出生后的几天里需要许多医生和护士的照料，但妈妈和爸爸也是这个医护小组的重要成员。哪怕出于医学缘故，你没能与宝宝们建立分娩时的联系，也不要让医护人员替代自己。

记住，正如我们常说的，"喂养"不仅仅是"喂奶"，还意味着给孩子抚慰。爸爸虽然不能哺乳，但可以用很多办法帮助妈妈更好地母乳喂养宝宝。妈妈在给一个宝宝喂奶时，爸爸可以抱着另一个宝宝摇着，或者将他"戴"在身上抚慰他。有一对父母带着他们的双胞胎宝宝来我的诊所做每周检查，那位爸爸自豪地对我说："我们的宝宝有两个妈妈，一个是喂奶的妈妈，一个是长胸毛的妈妈。"两个宝宝都喜欢躺在爸爸温暖的、毛茸茸的胸膛上。

采用亲密养育法养育一个以上的宝宝时，可以尝试以下小贴士。

雇用一个哺乳顾问。家里有一个宝宝时，雇用哺乳顾问或许是件奢侈的事，但对于多胞胎家庭，雇用哺乳顾问非常必要。在宝宝出生后的头几天里，请一位在指导多胞胎哺乳方面经验丰富的哺乳顾问，至少手把手地教你一次正确的喂乳姿势及宝宝的衔乳方式。

教会宝宝们衔乳。在第一周，一次喂一个宝宝，这样你可以专注于那个宝宝，教会他如何有效衔乳。一般来说，多胞胎的其中一个宝宝会更快地学会衔乳，而且有的时候，其中一个会比其他的宝宝个头小很多，为了"追赶生长"，他需要更多的乳汁。

交换宝宝吸吮两侧乳房。如果一个宝宝比另一个宝宝吸吮效率更高，可以交换他们吸吮另一侧乳房，这样一来，你的两侧乳房就可以受到差不多的吸吮刺激。

学会同时喂两个宝宝。等宝宝们都学会有效衔乳后，你就可以尝试在大多数时候同时喂两个。有的时候，你希望给宝宝们较多的关爱，一个一个喂他们，但有的时候，你会发现同时喂他们更简单一些。作为双重福利，同时喂还有一个好处，就是可以加倍刺激你的乳房。

小睡时喂奶。你可以掌握躺在床上同时喂两个宝宝的艺术，将两个宝宝一边一个搂在臂弯里，宝宝们的身体叠在你身上，他们的膝盖在中间会合，将你的胳膊分别放在两个宝宝身下，用枕头支撑住你的胳膊。加倍剂量的放松激素会让你很快昏昏欲睡。

准备一个"喂奶站"。一般来说，"喂奶站"可以是一把安乐椅，或是一张大的躺椅，有宽大的扶手可以让你在喂奶时能够支撑住至少两个宝宝。椅子旁边可以摆一张桌子，放上你喜欢的营养饮料和小零食。喂奶时，你可以播放自己最喜爱的乐曲，享受轻缓的音乐，吃上几口零食。

夜间双人合作。 靠近宝宝们睡，你在夜里喂奶会更方便。有的父母让宝宝们都睡在床上，还有的父母觉得让他们睡在大床边的副床里更方便（双胞胎往往依偎在一起能睡得更好，毕竟他们在子宫里一起睡了很长时间了）。如果宝宝们睡在房间的另一侧或是睡在另一个房间，你可以让宝宝们的爸爸（"奶爸"）起床将宝宝带到你身边吃奶，之后再将他们送回到自己的床上。这样你就不需要离开自己的床，减少了对你睡眠的干扰。

同时将两个宝宝"戴"在身上。 在第六章中，你了解了被抱着的宝宝哭闹较少，并且发育良好。在双胞胎家庭中，因为双胞胎效应，即一个宝宝哭闹的话会引发另一个也开始哭闹，所以准备两个婴儿背带，一个给妈妈，一个给爸爸，然后一家四口一起出门散步，这样对身心都有益处。

平衡你的需求和宝宝们的需求。 一个常被忽视的亲密养育要素就是平衡与边界——知道什么时候说好，什么时候说不。同样，这个预防措施也加倍适用于多胞胎父母。你要意识到，你不可能200%地付出，有的时候，你没有时间和精力去实践所有的亲密养育要素。记得我在浴室镜子上为玛莎挂的一个牌子，上面写着："每天都要提醒自己，我们的宝宝最需要的是一个心情愉快、精力充沛的妈妈。"多胞胎妈妈则需要多个这样的牌子。

你要知道自己只是肉体凡胎。举个例子，你的三胞胎宝宝都在哭闹，你如何用你的一副臂膀去安抚他们三个？很多时候，其他宝宝必须等一等，让你可以先照顾到更有需要的那个宝宝。还有些时候，即使是100%支持母乳喂养的妈妈，偶尔也会觉得最好让其他人给宝宝们喂一下辅助奶，这并不代表她违背了亲密养育法，只要尽力就可以了。

寻求双倍的帮手干家务活。所有的新父母都应该请人帮忙做家务，对于多胞胎家庭来说，这是必需的，并不是件奢侈的事。至少在最初六个月里，不要让家务活分散你的精力，请人做家务，这样你可以从事其他人都做不好的工作——养育你的宝宝们。

寻求双倍的支持和资源。对于那些已经成功养育了多胞胎宝宝的父母，你要充分吸收他们的经验和教训。还有些多胞胎宝宝的父母采用过亲密养育法，你要尽量多地接触他们，向他们学习，因为你可能会发现，有些组织并不像其他组织那么了解亲密养育法。

第十四章
亲密的见证

第十四章　亲密的见证

有很多概念，如和谐关系、相互信任、敏感度等，都很难用文字表述清楚，只有通过观察这些概念在现实生活中的例子，你才能真正了解其中的意思，并在与宝宝的相处中加以运用。所以，在实施亲密养育法的过程中，来自其他父母的经验和支持是非常必要的。你可以观察他们如何与宝宝进行互动，将他们作为榜样。同时，作为新父母，你也能借此确认自己做得是否正确。

我们无法将活生生、有丰富经验的父母打包装进这本书里，但是，退而求其次，我们可以呈现给你另一样好东西：那些父母与我们分享的故事和经验。我们希望你能通过阅读本章的亲密见证，产生共鸣，获得帮助，并在建立属于自己的亲密关系时，对自己的直觉有信心。

怎么会有妈妈不期待这样的亲密

我从未计划过要当妈妈。那段时间，我的教学事业蒸蒸日上，还要关心和照顾我的五匹马。除此以外，我和丈夫整天忙着盖房子和马厩，我甚至还想着让写作事业重回轨道。

三个月后，我发现自己怀孕了。说实话，我挺高兴的。和所有的孕妇一样，我憧憬着未来的婴儿房：有张婴儿小床，还有与之相称的房间布置。我幻想有一个喃喃自语的宝宝安静地在婴儿床里玩耍，而我自己的日常生活一切照旧，不会受到任何影响。我还打算在傍晚驯马时，让丈夫或妈妈照看宝宝。这样子，产假其实就成了带薪休假。

接着，布丽姬特出生了。

一瞬间，我对自己过去为人父母的一切想法都产生了怀疑。我怎么能够离开我的宝宝呢？我当初竟然想在晚上将她独自留在黑漆漆的房间里，简直太荒谬了。用婴儿小推车吗？不，我希望自己时刻贴近宝宝。就这样，我成了一个亲密养育型妈妈——我甚至不知道还有"亲密养育"这个词，也没听说过有位西尔斯医生！

我喜欢用母乳喂宝宝——哪怕是在半夜。除非你亲身体验过，否则你无法用言语描述母亲给孩子喂奶时，母子之间不可思议的亲近和契合。我经常听到其他妈妈告诉我，她们喂了个把月的母乳就停了，原因只是因为她们不喜欢。而当我小心翼翼地告诉她们，我打算给布丽姬特至少喂一年的母乳时，常常看到她们露出难以置信的表情。我不能理解，怎么能放弃这件唯哺乳妈妈特有、其他人都无法经历的事情呢？我现在用单手敲着键盘，三个月大的女儿正窝在我的怀里吃奶，一只小手轻轻地抚摩着我胸前裸露的肌肤。时不时地，女儿会停下来，用她亮晶晶的眼睛看我一眼，咧嘴笑着，毫不掩饰她的满足与爱意。怎么会有妈妈不期待这样的亲密呢？

又怎么会有妈妈不期待每天早晨醒来，一睁开眼就看到自己宝贝闪亮的笑脸呢？我每天清晨最期待的一刻就是看到布丽姬特已经醒了，迫不及待地迎接妈妈当天的首次拥抱。我们面对面，她小小的四肢激动地挥舞着，快乐地偎依着我，并将小拳头埋进我的头发里。如果让我在一生中仅仅保存一份回忆，那一定是布丽姬特的清晨问候。

出门时，我会用背带将宝宝"戴"在身上，就像戴了一件名贵的时尚配饰一样——非常自豪。其他人见了，往往很感兴趣，对"袋鼠袋"里的小宝宝评头论足一番。他们会问："她多大啦？""她是怎么坐在这里的？"最常见的问题还有："你在哪里买到这个的？要是我的孩子小时候能有这个就好了。你的女儿看起来特别开心！"是的，她很开心，因为可以紧紧地贴着我，安全地接触这个世界。当然，她还不会说出她的感受，只会开心地笑，激动地摇着她的小拨浪鼓。许多人对背带的陌生让我深感遗憾，好在使用背带让我接触到更多的人，也有机会向人们展示一种积极正面的养育方式。虽然世界上很多地方的妈妈都普遍使用背带，但在采用放手育儿方式的美国，确实较少见到。

根据亲密养育型妈妈的定义，我认为我就是一名亲密养育型妈妈，但我不会这样形容自己，而会说，我恋爱了，爱上了一个三个月大的婴儿。我对她爱得疯狂，爱得神魂颠倒，她的名字就叫布丽姬特·吉纳维夫。

什么样的宝宝是乖宝宝

伊莎贝尔出生后的最初几周里，我一直在尝试着把她放下来，让她自己睡觉，这样我就有时间吃饭、洗澡或写写感谢卡。我读过关于将宝宝"戴"在身上以及亲子同睡的文章，对这些概念印象很深刻。但我不知道如何将伊莎贝尔"戴"在身上，对与伊莎贝尔睡在一起也缺乏安全感。我周围好心的亲友只知道"将宝宝放下来"的育儿方式。我的妈妈一直都想在出门时将伊莎贝尔放在婴儿小推车里，我的婆婆也总想将伊莎贝尔放在沙发上，出门就放在小推车里，她有一次对我说："我觉得她可能厌烦总是被抱着了。"

在伊莎贝尔做满月检查时，我告诉西尔斯医生，伊莎贝尔不愿意离开我躺下来。西尔斯医生听了，笑着说："那当然了，她知道什么是对她好的。"我开始领悟到，这位医生的确很相信亲密养育法，认为应该尽可能让婴儿贴近妈妈。我说，抱着伊莎贝尔的话，我就什么事情都做不了，还感到筋疲力尽。对于我的抱怨，西尔斯医生建议我一天两次和伊莎贝尔一起躺下睡觉，他还说，随着时间的推移，我会学会如何"戴"着她处理事情。

于是，我们开始实行新的作息制度，白天一起小睡，走路时"戴"着她，晚上也一起睡觉，渐渐地，伊莎贝尔平静了许多，变得更加平和、敏锐和快乐。两个月大的时候，伊莎贝尔多数时间还是喜欢被抱着，但她很少哭闹。现在，她只在晚上犯困要睡觉的时候哭一下。当我将她放到床上，然后躺在她身边，宽衣解带准备喂她吃奶时，伊莎贝尔就会咧开嘴，露出大大的笑容。她很快乐，我知道"是的，这样做就对了"。

有时候出于某些缘故，如有其他事分心，或者感到疲倦，或是隐约觉得太多纵容不好，我会减少对伊莎贝尔的付出，这个时候，照看伊莎贝尔会变得困难起来。她不高兴，我也受到连累。只有当我允许伊莎贝尔待在我身边，让我的身体给她带来安慰与舒适时，伊莎贝尔才会变得平和，照看她也容易一些。她与我更加密切，我也感到和她更加紧密相连。

在路上时常有人问我："她是个乖宝宝吗？"我觉得这个问题让人很困惑，他们所谓的"乖"其实就是："她睡整夜觉吗？""她能让你放下她吗？"我从来都不知道该如何回答这个问题，因为如果伊莎贝尔自己睡，或者经常让她独自一个人的话，她肯定不会是个"乖宝宝"，她的世界会是混乱和痛苦的，她可能会乱踢乱叫，不会像现在一样满足和愉快，所以每次我都不得不先想想该如何回答这个问题。

给爸爸的礼物

儿子四岁了，一直以来，我和太太基本都采用亲密养育法。但是我要坦白：在康纳尔出生后的最初三个月，我是个分离式育儿的爸爸。为人父母的责任就像是沉重的湿尿布，给了我当头一击。康纳尔长得很好看，但他也很难带，他只喜欢和妈妈在一起（我是这样对自己说的），总要人抱着，不愿一个人睡觉，也不愿多睡，好像不论白天还是黑夜，身边时时刻刻都需要有人陪着。他是高需求宝宝的典范，所以，我选择了众多爸爸选择的最佳方式：逃避模式。我让自己确信：面对现实吧，妈妈做得最好了。

我清楚地记得，康纳尔三个月大的时候，有一天成为我的转折点，让我跨入了亲密养育的门槛。当时，太太回到了工作岗位，轮到我照看康纳尔了。（我们安排好了工作和生活，就不用找保姆了。）康纳尔一直哭，整整十五分钟，我怎么也哄不好他。小家伙哭着颤抖，小脸上全是泪水，我觉得自己快崩溃了。然后，我将他放在了他的小摇椅上，对他笑着，摇晃着他。不知什么原因，这个法子奏效了，他突然停止了哭泣，脸上闪耀出我所见过的最美丽的笑容。就这样，他将自己作为礼物送给了我——作为一个小宝宝，这是他唯一能送出的礼物。自那以后的几年里，我一直在打开康纳尔送给我的各种礼物。有时候，礼物被包裹得结结实实；还有的时候，礼物只有一层透明的包装纸。虽然我打开礼物时有点笨手笨脚，但是每一次的努力都是值得的。

工作也能保持亲密

我是一名大学教授，之前我非常努力地完成了博士学业，就是想趁年轻时拥有美好的家庭生活。我从未想到，亲密养育法竟然能带来如此大的帮助，在宝宝小的时候多陪陪他，我们双方都可以从中获益良多。

当时，学校给了我三周的产假。在儿子出生前，我就知道这是远远不够的。幸运的是，与我工作在同一领域的丈夫同意在儿子出生后的六周里，帮我代课。而我在这段时间里，仍然备课、批作业、完成要发表的文章——同时，一直用母乳喂养儿子，抱着他，用背带"戴"着他。

六周后，我该回到教学岗位了。我非常担心自己会忙于工作，错过与儿子相处的宝贵时光，同时我还担心用泵奶器泵奶困难，难以处理好所有的事情。但我不可能不工作，而只是留在家照看儿子，所以最后我决定带着儿子上班。

让我感到惊讶的是，系里的所有人都愿意帮忙。我搬去了一间更加宽敞的办公室。我的妈妈也同意和我一起带宝宝上班，在我上课或与学生见面时照顾宝宝。

我的妈妈和我的儿子在一起很开心。我经常告诉妈妈，幸亏她的帮助，我才有机会陪在儿子身边。儿子从来不用安抚奶嘴或其他工具，因为只要他想我，我就能很快出现在他面前。他要吃奶时，就和我一起上课，在背带里吃奶。记得有一次与系主任面谈后，一位秘书走过来，她越过我的肩膀，仔细地看着宝宝，突然轻声地问："他在吃奶吗？"我点点头，她就离开了房间。之后她又见到我，非常好奇地问我："你怎么做到的？我还以为他在睡觉呢！"我告诉她，比起一二十年前她母乳喂养孩子的喂奶服，现在的喂奶服已经有了很大的改进。

我的儿子和我一起上班，直到他十八个月大。在最后那六个月里，他开始走路了，我妈妈很难跟上他，于是，我的丈夫就调整了他的日程，代替我妈妈陪着我们一起上班。在过去的几个月里，我去上课的时候，父子俩就在家玩喜欢的游戏。现在我尽量在家工作，进行网上教学，以此与学生保持联系并解答问题。几年以后，如果这样不行的话，我完全可以为网络上的虚拟大学工作，直到儿子长大一些！

敏感的夜间断奶

我当妈妈才二十一个月，但一直以来，我的工作都是与年轻人打交道，因此我对自己很有信心，相信自己能采用人性化的方式抚养孩子。我们的女儿阿曼自从生下来，就被当作家里的正式成员，我们总是对她说话，就像她都能听懂一样。我们会轻声告诉她将要发生的事，每天都会轮流用背带"戴"着她，早晚走上几个小时。我会根据她的需求给她喂奶，她睡觉时，也总是和我们在一起。我们感到，这样做是正确的。

然而，我们预料不到的是，我们会因为阿曼而睡眠不足，这让我们措手不及。阿曼很聪明，对周围的环境很有觉察，与我们的联系也非常多，她自出生起每天平均每两小时就要醒来吃奶。我能连续睡四小时以上的夜晚屈指可数，基本上每晚我都会频繁地醒来——每二十分钟醒一次。我们这个可爱的小家伙经常从深度睡眠中惊醒，又哭又叫，让我和丈夫的神经高度紧张，有时会变得脾气暴躁、精神抑郁。我们历经挫折才明白，不是任何人都能被哄睡着的。

我们想尽一切办法：定时定点地进行安静的睡觉准备；咨询不同的医生，大量阅读相关书籍以寻求解答。结果都是一样的：阿曼是个健康的孩子，所以只需要让她一直哭，哭到她自己停止就可以了。我们不愿意这样做，但我们的家庭生活已经因为这件事而混乱不堪了。

我和丈夫含泪进行了交流，他建议给阿曼中断夜间喂奶——夜里不再让她吃奶，这样他可以和阿曼睡，让我睡另一间屋子。我很心痛，担心这样的改变可能会伤害阿曼，主要因为我不喜欢因此抛弃自己非常信赖的亲密养育法。

之后几天里，我开始思考，觉得肯定会有更好的方法，既可以改变夜间喂奶的习惯，又不违背我们亲密养育的努力。于是，我们有了如下计划。

1. 我们将为阿曼写一本书，帮助她为即将到来的改变做好准备。
2. 我们会连续几天读这本书，然后再尝试新的夜间睡觉方式。

3. 如果一周后，阿曼在白天表现的性子出现让人担忧的转变，我们将停止改变，另寻他法。

4. 我的丈夫会在晚上对阿曼柔声说话，以言语抚慰她，并提供其他抚慰选择。

5. 早晨闹钟一响，我就进屋给阿曼喂奶。

我们写了书，我还在书里画了插图。白天我们就读这本书给阿曼听，之所以不在晚上读，是因为这样阿曼就不会将压力与睡觉联系起来。我们读书时，阿曼哭了，但我们俩都在她身边，在平和、毫无压力的氛围里接受她的感受。我们感到，这帮助她在情感上接受了改变。我们相信，她为这个改变流泪的时候，基本上只在我们在一起读书的时候。

第一个中断夜间喂奶的晚上，爸爸柔声细语地对她说话，阿曼断断续续哭了十五分钟，接着趴在爸爸身上睡着了。很快，阿曼就开始有长时段的睡眠——六至八小时连续睡，中途不会醒来。以前，她会在早上五点半或六点的时候醒来，现在，她能睡到八点。我们在夜里也只醒一两次了，睡得很安稳。早晨，阿曼听到闹钟响就会笑，看到我就会说："吃奶！"吃完奶就又睡着了。

理解哭声

现在，迈克尔快三岁半了，管教起来十分轻松容易，这是我们早期进行亲密养育的结果。我们很早就知道，这样的育儿方式一定会奏效，只是不知道具体会多有效。

怀上迈克尔的时候，我们都非常高兴，因为当初我妈妈怀着我的时候，服用了己烯雌酚，所以我极有可能出现不孕、流产、早产或其他问题。当听到怀孕的消息时，我们都觉得这简直是个奇迹！我在怀孕期间就积极与迈克尔建立联系，丈夫每晚都对着我隆起的肚子说话，好像宝宝已经躺在了他的怀里一样。好几次，当我告诉丈夫宝宝压住了我的某根神经时，他都会说："宝宝，请挪挪位置，你让妈妈不舒服了。"每次丈夫对宝宝说话的时候，宝宝都会动一动，做出回应。我们都对此感到惊讶，这个时候的宝宝竟然就能意识到爸爸的存在了。而且，宝宝还会随着音乐动作，特别是听到亨德尔的《弥赛亚》时。（他现在还是非常喜欢音乐，甚至还能弹吉他。）

迈克尔早产了几周，因为臀位不正，我是紧急剖宫产的。产后我不能立即就抱他，我丈夫就让迈克尔的头靠在我的肩膀上，自己抱着他亲着，和他说着话，就像我怀孕时那样。出院回家后，他告诉我："你照顾宝宝，让我来照顾你。"但是他非常喜欢亲近迈克尔，以至于最后变成他照顾我们母子俩了。他经常给迈克尔换尿布，然后抱着他满屋子走。（我几乎得推着他，才能让他出门去上班。）

迈克尔由于早产非常嗜睡，所以给他喂母乳比较困难。许多人认为"即使放弃母乳喂养也是可以理解的"，但是我们拒绝了。我找了一位专业的哺乳顾问帮忙，丈夫也一直不懈地支持我，最终我们成功了。（有一篇文章描述了我们如何排除万难进行母乳喂养，最终让人难以置信地获得成功的经历，还在征文比赛中得了奖。）

我的丈夫坚持认为我们应该对迈克尔夜里的啼哭做出回应，我们总会在他哭的时候过去抱起他。当我要将他放回婴儿床的时候，他还会哭，那时，我感到心都在痛，肯定是有什么问题，但我也不知道该怎么办。上大学的时候，我学过儿童心理学，也读过很多文献，这些都强调婴儿需要培养独立和自我安慰的能力，但丈夫比我看得更清楚，他说这些论调是荒谬的，他会说："让他和我们一起睡。"所以我们一直是一起睡的。（当然，这也是西尔斯医生的书中所提倡的！）

回想起来，哪怕迈克尔就在我们床边的摇篮里，我也会渴望和他距离更近一些。这听起来有点荒唐，虽然我没有让迈克尔和我一起睡，但我会在睡觉的时候，整晚将胳膊放在摇篮上方，让迈克尔知道我就在他身旁。

别人看到我们一家休息得很好，都表示惊讶。我们还向我的父母成功推荐了亲子同睡的主张，可能是因为他们从未读过相关的文章，所以也未加挑剔。他们只是看到这样做，迈克尔很安心。

儿子出生后的第一年就像是一堂育儿入门基础课，就像在上物理课前需要上一些数学课一样，我们发现婴儿期的亲密养育让我们为第二年、第三年的育儿打下了良好的基础。如果我们没有学会了解婴儿期的迈克尔，后来肯定会一败涂地的。随着他的成长，不断会有新的问题出现，迈克尔会因为新的挫折和成长而"啼哭"或者"呼唤"。

举个例子。有一天晚上，我的丈夫下班比较晚，他那一周都加班，所以回家很晚。我们放了迈克尔最喜欢的一部电影《音乐之声》，坐下来一起看。迈克尔虽然才三岁，语言交际能力却很强，词汇量很大。然而也有时候，他表达不清他想要说的话。

看了几分钟电影后，迈克尔生气地说："关掉！"我们很吃惊，就问他:"可是你很喜欢这部电影,发生什么了吗?"他回答:"关掉!"接着,他开始把玩具扔得到处都是。我向他建议:"你干吗不到沙发上,和爸爸一起坐着看电影呢?"他说:"我不去,我不需要爸爸。"我和丈夫听了很困惑,面面相觑。迈克尔这声"呼唤"虽然很任性,但是意味深长,我们必须弄清楚怎么回事。如果我们继续看电影,就会忽略掉迈克尔想要表达的话,那很自私。因为我们了解他,所以知道他的行为不仅仅是在意气用事。我们必须回应他的真正的意向,而不仅仅是回应他说出的话。紧接着,我和丈夫发现迈克尔快要耍脾气了,他躺在我丈夫旁边的地上,用脚踢着沙发,好像希望爸爸能制止他(只要是能吸引到他的注意力就行)。所以,我丈夫就问他:"你想不想帮爸爸校准一下水准仪呀?"(我丈夫的工作就是研究这些仪器的。)迈克尔听后整张脸都亮了。我说:"我以为你不要爸爸了。"他回答说:"我想要爸爸的,我想要爸爸和我在一起。"那一周我丈夫每天都加班,这是第一天他在迈克尔睡觉前回到家,这让迈克尔怎么说呢?他不可能说:"不好意思,爸爸,下次再看电影行吗?我一个礼拜都没见到你了,现在我就想和你在一起。"迈克尔只知道,和爸爸一起在沙发上看电影不能够提供他想要的一对一的时间。

我们花了时间对迈克尔的"呼唤"做出回应,整个晚上就神奇地改变了。如果那晚(以及之后的很多时候)我们没有透过迈克尔的行为发现问题,我们可能就不能让他明白我们有多么在乎他。

同情他人

我十岁的儿子约翰和我一起到一家老人院，去参加社区的一场探望老人活动。我们制作了情人节礼物，送给住在那里的老人们。在老人院的时候，我注意到，比起其他孩子来，约翰好像能更好地与那里的人相处。大多数孩子看到老人们行动不便、老态龙钟，都被吓到了，约翰却对老人表示出很大的同情心，他不嫌麻烦地帮助老人，如伸出手来搀扶老人行走。他看起来更加注重那些老人的内在。从那里回来后，他谈及那里的老人有一个心肠特别好，有一个很和蔼，还有一个非常幽默。那些丧失机能的身体并没有困扰到他，也没有占据他的注意力，而其他的孩子则不是这样，他们摆脱不了表象的东西，不能够透过外在去欣赏这些老人的内在。

我将约翰的同情心归功于我采用的亲密养育法，我庆幸自己能有机会帮他培养美德，让他对他人富有同情心。

长牙宝宝吃奶及十六岁孩子开车

想象一下，当我突然发现自己是全家最矮的一个时，有多么惊讶！三个在我怀里嗷嗷待哺的宝宝不见了，取而代之出现在我面前的，是三个独立的大人（其实，是三个准大人：一个大学刚毕业，一个在上大学，还有一个在读高中）。老大是搞艺术的，也是一名教师，住在离家挺远的地方。他在追求创作的同时，成功地从事各种工作来养活自己。

而在我们这一辈里，很多人一旦成人后，往往出于责任心，会将艺术创作搁置一边。老二是个女儿，也是唯一的女孩，正在伦敦读书。她对伦敦的地铁路线了如指掌，懂得买菜做饭，不用妈妈指导就能准备一桌四人大餐，甚至还时常自己即兴去巴黎度一个周末。但是今天，我想谈谈我的小儿子大卫，十五岁，身高一米八左右，正在上高中。如今我需要踮着脚尖才能亲到他的脸颊，但他在我心中永远还是那个宝宝——和我睡同一张床，三岁多还吃母乳，这都得益于我在养育他的哥哥姐姐中摸索出的育儿经验。他是最后一个在我怀里吃奶的小家伙，吃奶过程中会时不时停下来，小心翼翼地将我的乳头衔在牙齿中间，咧开嘴对着我微笑。

最近，大卫的学校开展了一项活动，让高二的学生和家长做好准备，迎接即将到来的合法驾车年龄，在我们州是十六岁。这项活动学校要求必须参加，但大卫不想去，说实话我之前已经参加过两次，没什么大问题，所以也不想去。但是，我比较听话，所以那个周三的晚上，我还是去了学校的礼堂，大卫就坐在我旁边。讲话的是一位"家庭教育者"，是一个很细心的年轻女人，她自己还没有当妈妈。她告诉大家，我们聚在一起，是为了设法解除我们对孩子开车的忧虑。

但是等一等，我并不属于这里，说真的，我并不害怕。我相信大卫之后会像任何一个十六岁的孩子一样小心开车，我相信他不会酒后驾车，我相信他会遵守法律。在他之前，我也信任他的哥哥和姐姐，并且这样的信任换来了他们安全驾驶和负责、守法的行为。现在我相信大卫。但首先，我必须相信自己——了解我的孩子，判断哪些情况对他来说是安全的、合适的或者是不安全的、不合适的，就像我曾经相信自

第十四章 亲密的见证

己知道他什么时候可以断奶，什么时候可以上厕所，什么时候可以请保姆，什么时候可以去学校，什么时候可以骑自行车一样。如果我认为他没有准备好承担驾驶的责任，我就不会带他去参加考试。如果我认定他准备好了，他也通过了测试，我会很高兴地把车钥匙交给他，相信他会达到我的期望。

就在那时，在学校的礼堂里，我开始想起关于哺乳的事。当时身边都是穿着牛仔裤的孩子，他们坐立不安，脚上穿着过大的球鞋，敲打着地板，女孩子们向后拨弄着头发，男孩子们用手指摸着下巴，期待能摸到自己长出了的胡楂。我知道是母乳喂养——尤其是国际母乳会——帮我做好了迎接这一刻的准备。早在哺乳期，我就信任大卫能告诉我他的需求，我也相信自己能满足他的需求——那些对营养和生存的最基本的需求。那时，我就做好了准备，要信任他成长，也放手让他成长。

所以，当那位年轻的"家庭教育者"建议我们做父母的藏起车钥匙，以免这些新司机会禁不住诱惑，违规偷偷将车开走时，我拍了拍大卫的膝盖，两人起身离开了。我会在大卫通过驾驶测试后立即给他一套车钥匙，我对他的哥哥姐姐也是这样做的。你不要误会，我并不是打算闭上眼睛，放任他的行为，我只是信任他会了解，这些钥匙也意味着规矩和责任：在用车前征得同意；告诉我要去哪里；告诉我什么时候回家；如果我说早点回来，就早点回来；如果我说不许去，就不去；当然，不能酒后驾车，也不能随意将车钥匙交给朋友。最重要的是：如果遇到麻烦——哪怕破坏上面列出的规矩——要给我打电话！

不论你如何努力成为好爸爸或妈妈，你永远不知道事情会发展成什么样，有可能你的孩子还会有诸多问题，让你头疼不已。但我相信，我之所以能成功地抚养大三个孩子，至少有小部分原因是我一直信任他们。

哦，顺便提一句，还记得我之前提到的在大卫三岁的时候，我信任他，让他吃奶时将我的乳头衔在牙齿间吗？其实他咬过我一次，而我采用了一个国际母乳会的小贴士：我只是将他抱得更贴近我，这样他就不得不张大嘴巴呼吸了。之后他就再没有咬过我。还有一件事，我希望等那位"家庭教育者"自己有孩子后，能找到自己的方式给孩子喂母乳，这样她就会像我一样发现，只要我们信任孩子，我们也可以从孩子身上学到很多，和我们教会他们的一样。